# THE STREET

## 부산

---

### Lifestyle in Busan

거리를 통해 바라본 부산의 라이프스타일

# CONTENTS

# *Lifestyle in Busan*

기아자동차가 담아낸 부산의 라이프스타일

Local favorites

**부산 사람이 사랑하는 거리**

부산 사람에게 검증받은 믿을 만한 장소를 소개한다. 기존의 가이드북에서 지나치게 다루어졌거나 관광객만을 위한 장소가 된 곳을 가려내고 부산의 삶과 분위기를 고스란히 느낄 수 있는 곳들을 다룬다.

History

**부산 고유의 색을 담은 거리**

도시의 역사를 이해할 때 여행지에 관한 새로운 시각을 가질 수 있다. 변화의 중심에 있던 부산은 독특한 거리 문화와 함께 성장했다. 유행에 따라 소비되는 장소가 아닌 깊이 있고 색다른 부산의 모습을 보여주기 위해 역사와 전통을 담은 장소를 소개한다.

과거와 현재, 미래를 동시에 볼 수 있는 장소가 있다면 그곳은 어디일까? 우리는 그 답을 찾기 위해 삶의 에너지를 느낄 수 있는 도시, 부산으로 향했다. 차를 타고 달리다 멈춰 선 곳에는 도시의 변화를 선도하는 사람이, 그들의 철학을 담은 공간이 있었다. 그리고 그 모든 것을 품는 거리가 있다. 우리는 역사 속에서 다양한 형태로, 그러나 늘 우리 곁에 존재하던 거리에 주목했다. 바다의 생명력을 품은 시장 골목, 산 중턱에 집들이 모여 만든 아름다운 산복도로, 오래된 책이 쌓여 색다른 향취를 뿜는 거리. 부산은 거리 속에 오롯이 삶을 담고 있는 도시다. 도시의 이미지는 몇 가지 단어로 정의되기도 한다. 부산이라면 누구나 자갈치 시장이나 해운대 해수욕장을 떠올리는 것처럼 말이다. 우리는 부산 거리에서 살아가는 사람들의 이야기를 들으며 익숙해진 도시를 새롭게 바라보기로 했다. 이제 부산을 정의하는 식상한 단어들과 멀어질 차례다.

Changes

**변화의 흐름을 보여주는 거리**

새로운 변화를 이끄는 사람들을 만나 부산에서만 느낄 수 있는 삶의 활기를 전한다. 새로운 문화를 적극적으로 수용하면서 부산과 맞게 재해석해나가는 이들의 이야기를 통해 기존의 도시 이미지와 다른 모습을 제시한다.

Lifestyles

**삶의 방식을 이해하는 거리**

여행은 다른 곳의 삶을 이해하는 과정이다. 골목, 스트리트 문화, 맛, 영화, 바다, 로컬 브랜드라는 여섯 개의 주제를 중심으로 보다 깊이 부산의 일상 속으로 들어갈 수 있도록 돕는다.

01

# Changing Street

## INTERVIEW

한영숙

## THEME STREET

초량 이바구길

또따또가 골목

보수동 책방골목

## THEME PLACE

골목의 이야기를 담은 공간

## 변화를 만나는 거리

역사의 단면을 볼 수 있는 거리가 있다면 그것은 사람들의 일상 속에서 끊임없이 변화해 온 골목일 것이다. 과거와 미래를 동시에 수용하고 삶의 변화를 이끌어내는 골목들을 찾았다.

**한영숙**

사이트 플래닝
건축사 사무소 소장

# Urban Planning for the Streets

골목의 이야기를 담는 도시를 디자인하다

"시가지와 함께 산, 강, 대(臺), 해수욕장을 다양하게 만날 수 있는 게 부산의 특징이죠. 산지가 많은 경사지 주거에서는 독특한 생활문화를 볼 수 있고요."

**'사이트 플래닝'이라는 건축소 사무소 이름이 특이한데요, 이름에 숨겨진 의미가 있나요?**

사이트 플래닝이란 땅 위에서 벌어지는 모든 일, 예를 들어 다양한 구조물과 구축물을 정리하고, 이용자 특성에 맞는 프로그램을 계획하는 일 등을 이야기해요. 케빈 린치Kevin Lynch라는 도시학자가 쓴 《사이트 플래닝Site planning》에서 나온 용어죠. 결국 도시는 사람이 만드는 것이니 디자인할 때 단순히 공간이 아닌 '장소'로 치환될 수 있는 여러 상황을 함께 계획해야 한다고 생각했어요. 사람 안에서 답을 찾아 일하고 싶다는 뜻을 담아 지었어요.

**서울의 건축사 사무소에서 일하다 부산에 내려오게 된 계기가 있나요?**

서울에서 여러 프로젝트를 진행하다 내가 하고 싶은 건축을 하기 위해서는 도시를 바라보는 공부가 더 필요하겠구나, 하는 생각이 들었죠. 처음엔 유학을 가고 싶었는데 지도 교수님이 지역에서 할 수 있는 일들이 많을 테니 부산으로 오는 게 어떠냐는 말씀을 하시더라고요. 부산에서 자라 대학교 때까지 있었기 때문에 도시를 잘 아는 것도 내려오는 데 한몫 했죠.

**건축과 공공디자인이 다른 지점은 무엇인가요? 일반적으로 같다고 생각할 수도 있을 것 같은데요.**

건축물은 개인 토지에 지어졌다고 하더라도 도시민 누구나 그 공간의 외부 상황(외관, 주차장, 출입구, 형태, 높이 등)을 공유한다는 측면에서 공공재라고 인식해야 하죠. 또한 개발의 시대에서 관리의 시대로 넘어가면서 우리 사회에서 건축이 사유재가 아니라 공공재라는 인식은 더욱 강조

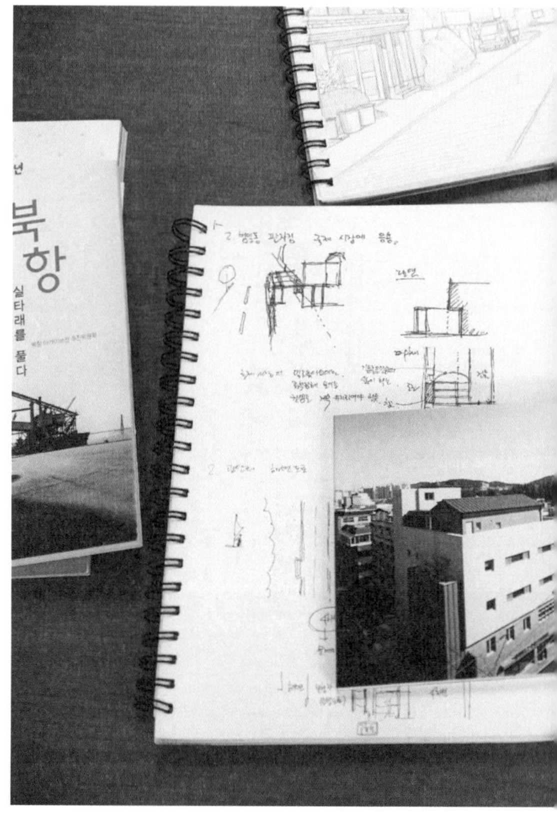


될 필요가 있어요. 공공디자인을 하면서 많이 느끼는 건 우리 사회가 정말 개인화되고 있다는 거예요. 사회의 문화가 그렇다면, 그 문화에 맞춰서 가야 할지 혹은 그 문화가 더 큰 철학으로 움직일 수 있게 방향을 다시 제시해야 하는지 고민해야 하죠. 동시에 지역과 동네에서 작은 실천을 해보는 것이 공공건축가의 역할인 것 같아요.

**'산복도로 르네상스' 프로젝트에서도 그런 고민을 이어왔을 것 같아요. 어떤 작업이었나요?**

산복도로는 전쟁 이후 판잣집으로 가득하던 부산의 대표적인 달동네였어요. 1964년 망양로(산복도로)가 개통되면서 대대적인 정비를 했고, 그 후 주거환경개선사업 등으로 지속적인 정비를 해왔지만, 세월의 변화를 따라잡기에는 역부족이었고 결국 많은 주민들이 떠나게 됐죠. 그러다 재개발 열기도 시들해지던 2009년, '산복도로 르네상스'라는 새로운 변화가 시작됐죠. 프로젝트를 위해 지금까지 공간을 만들어오던 기존의 방식을 접고, 공간과 사람, 사람과 사람이 상생하며 산복도로의 장소가치와 생활문화를 지켜가려는 방법을 찾아가고 있어요.

**프로젝트를 진행하며 어려움이 있었다면요?**

이곳에 사는 개인들은 사실 주로 다니는 길밖에 모르기 때문에 길이 수평으로 연계되어 있지는 않았어요. 그래서 산복도로 곳곳에 거점을 두어 전체적으로 사람들이 걸을 수 있도록 조정을 하고, 지하철로 연결하는 길을 특별하게 만드는 일을 해야겠다 생각했어요. 초량 이바구길도 그런 계획에 따라 만들어졌죠.

**산복도로 곳곳에 공공건물이 많은데, 그중에서 가장 기억에 남는 건물이 있나요?**

사람들이 함께 이용하면서 산복도로를 특별하게 바꾸어 갈 거점 공간이라는 측면에서 '이야기가 있는 건축'이 필요하다고 생각했어요. '장기려의 더나눔센터'는 장기려 선생님이 이 근처에서 녹십자를 만드는 초기 모임을 하던 곳이었어요. 우리나라 의료보험이 장기려 선생님을 통해서 만들어졌다는 이야기를 하고 싶었어요. 이렇게 들어선 공공건축물은 주민들에게 유명인들이 살던 산복도로라는 상징적 의미를 주는 동시에 애착과 자긍심을 주게 될 거라 생각해요.

**부산의 거리와 골목, 그리고 산복도로가 매력적인 부분은 무엇인가요?**

해안말단부에 산이 많은 구릉성 지형이라 좁게 선형으로 만들어진 중심지가 많고, 주변 지형과 만나는 방식에 따라서 시가지와 함께 산, 강, 대(臺), 해수욕장을 다양하게 만날 수 있는 게 부산의 특징이죠. 그리고 산지가 많은 경사지 주거에서는 독특한 생활문화를 볼 수가 있어요. 특히 1.5미터 내외의 감천문화마을 골목은 이웃끼리 연결된 통로(복도)인 동시에 집 앞 테라스, 선반, 건조대, 신발장 등 다용도 공간이지요. 함께 사는 방식만 동의가 된다면 우리는 공공공간과 사유공간을 효율적이고 융통성을 발휘해서 이용할 수 있을 것 같아요. 또 영주~초량 산복도로 구간에 있는 초록길을 보면, 집 두 개가 있고 사이에 계단이 배치된 구조가 이어져 있어요. 그래서 계단 사이사이로 바다 전망이 보여요. 한쪽으로는 북항이, 다른 쪽으로는 자갈치 쪽이 보이는 아름다운 동네죠. 다만 길이 굉장히 좁다는 한계

초량시장 / 범일5동 주택가
슈퍼스타 감사용(2004) / 김종현
범일5동 동천변
태풍
사생결단
태풍(2005) / 곽경택
부산항 3부두 / 차이나타운
차이나타운

사랑방손님과어머니
사랑방 손님과 어머니(1961) / 신상옥
최은희, 전영선, 김진규

성춘향(1961) / 신상옥
최은희, 허장강, 김진규, 한은진

영자의
全盛
時代
영자의 전성시대(1975) / 김호선
송재호, 염복순, 최불암, 도금봉

진짜진짜좋아해
진짜진짜 좋아해(1977) / 문여송
임예진, 김현, 최불암

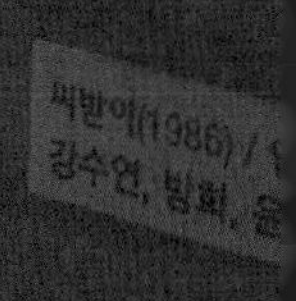

가 있는데, 그 부분을 극복하기 위해 복지형 모노레일을 전국 최초로 설치해 운영하고 있어요.

**도시재생과 골목 변화를 통해 사람들의 삶이 바뀌었다고 느낀 단적인 사례가 있었나요?**

처음에는 예술가들과 전문가가 도시재생 프로젝트를 주도했어요. 그러다 주민들이 우리 동네인데 왜 주민들은 아무것도 안 하느냐는 질문을 던졌죠. 그래서 주민과 행정가 중간에 둘의 사이를 조금 더 유연하게 엮는 역할을 하는 코디네이터를 두었어요. 몇몇 주민들이 직접 코디네이터가 된 거죠. 그렇게 마을 운영을 조금 더 효율적이고 적극적으로 하는 분들을 보면 희망을 품게 돼요. 감천마을의 경우, 지도를 판매하는 마을 기업이 있고 그 수익금으로 새로운 사업을 하기도 해요. 마을 협의체에서 일하는 주민들이 이제 100명은 된다고 하더라고요.

**부산의 새로운 매력을 찾고 싶어 하는 사람에게 추천해주고 싶은 거리가 있나요?**

영화 〈국제시장〉에서 시장을 내려다보던 천마산 조각공원 아래에 천마산로가 있어요. 차가 많이 다니지 않아 한적하게 걸으면서 부산 전체를 조망할 수 있는 거리죠. 길 주변에 게스트하우스와 주민들이 운영하는 카페도 있고요. 또 부산에는 마을여행 공정여행사를 운영하는 젊은 조직들도 있어요. 거위의 꿈, 핑크로더, 부산여행특공대 등 여행할 때 도움을 받을 수 있죠.

**마지막으로 이 일을 계속할 수 있게 만드는 원동력은 무엇인가요?**

조금만 발상을 바꾸면 훨씬 좋아질 수 있는 것들이 도시 면면에 보여서 그런 것 같아요. 같이 사는 더 나은 방법을 고민하고 상상하는 것 자체가 저에게 큰 원동력이 돼요. 부산의 산복 지역을 보면 집들이 앞으로 쏟아질 것 같은, 사람들로 인한 에너지가 느껴지거든요. 이런 에너지들이 사그라지지 않고 무언가를 만들어낼 수 있다면 좋겠어요.

# The Architect's Choice

초량 산복도로를 제대로 즐길 수 있는 세 가지 방법

RESTAURANT **IBAGU 168RESTAURANT 이바구 168도시락국**

이바구길 168계단의 작은 가게에 들어서면 여러 명의 '엄마'가 손님을 반겨준다. 구수한 맛이 일품인 시락국밥과 볶음김치, 분홍색 소시지, 달걀 프라이가 곁들인 추억의 도시락을 판매한다. '엄마'들의 정체는 부산시 동구에 거주하는 60세 이상의 어르신들이다. 여름철에만 판매하는 팥빙수 역시 별미 중의 별미다.

A. 부산시 동구 영초길 191
T. 051-714-2619
O. 10:00-20:00(연중무휴)
P. 초량 2동 공영 주차장 이용 가능

ACTIVITY **IBAGU BICYCLE 이바구 자전거**

이바구 자전거는 시니어 도슨트(문화재 해설사)가 관광객과 함께 전동자전거를 타고 지역 관광특구를 탐방하면서 명소 소개와 숨은 이야기를 들려주는 프로그램이다. 부산역에서 출발해 부산항을 한눈에 전망할 수 있는 명소인 유치환 우체통을 반환점으로 하는 약 1시간 코스다.

A. 부산시 동구 중앙대로 206
T. 070-8224-0122
O. 10:00-16:00(매주 화요일, 우천시 운휴)
P. 부산역 공영 주차장 이용 가능

STAY **IBAGU GUESTHOUSE 이바구 충전소**

가스 충전소이던 건물을 개조한 이바구길의 유일무이한 숙소인 이바구 충전소는 지역민이 직접 운영하는 게스트하우스다. 합리적인 가격과 부산 전경을 내려다볼 수 있는 방의 전망이 이바구 충전소의 매력이다. 취사용품도 주방에 구비되어 있어 재료만 준비해온다면 직접 식사를 해결할 수도 있다.

A. 부산시 동구 영초윗길 25
T. 051-467-7887
O. 2시 체크인, 익일 12시 체크아웃
P. 초량 2동 공영 주차장 이용 가능

# THEME STREET

THEME STREET ° BUSAN °

골목 여행을 위한 거리

계획 없이 떠난 곳에서 우연히 만나게 되는 것들은 여행의 즐거움을 배로 만든다. 발길이 이끄는 대로 걷다가 마음을 끄는 골목에 들어서면, 그 속에 숨겨둔 부산의 이야기가 펼쳐진다.

초량 이바구길

**부산의 과거와 현재를 잇는 산 중턱을 달리다**

부산역에 도착하는 순간, 총천연색 지붕들의 집들이 조밀하게 무리 지은 풍경을 가장 먼저 마주하게 된다. 산복도로는 부산의 개항기부터 시작된 이방인들이 모여든 도시 특성을 반영하는 곳이다. 산복도로 르네상스 사업과 원도심 재생 계획의 일환으로 8인승짜리 모노레일이 설치됐고, 산복도로 미니 투어 버스 사업 등 관광지로서 개발에 박차를 가하고 있다. 그중에서도 가장 부산다운 모습을 간직하고 있는 초량 산복도로의 롤러코스터 같은 꼬불꼬불한 길을 지나다 보면 부산항이 펼쳐진 모습까지 덤으로 감상할 수 있다.

또따또가 골목

**예술이 일상이 되는 곳**
**젊은 예술가들의 아지트**

부산 중앙동과 동광동 일대, 장르 불문 예술의 협업을 꾀하는 도심형 창작공간이 또따또가라는 이름으로 탄생했다. 또따또가는 예술가들의 역량을 강화하고 활동 영역을 확대하며 임대료 지원 및 창작에 필요한 시설 운영도 함께 진행한다. 예술가들의 작업을 비롯해 골목 프로젝트, 시민문화예술교육 프로그램 개발까지 시민들과도 밀접하게 소통하고 있다.

안 파는 것 빼고 다 파는 부산 국제시장의 건너편 골목길에는 책방들이 밀집되어있다. 한국전쟁 당시 한 부부가 각종 헌책으로 노점을 시작했는데 그것이 보수동 책방골목의 시초가 되었다고 한다. 현재 약 200미터의 좁은 골목 구석구석에 40여 개 책방이 있다. 전공 서적에서부터 잡지까지 원하는 책을 찾는 즐거움을 만끽하고 싶다면 책방골목으로 발길을 돌려보자. 곳곳에 숨어있는 귀중한 책들과 조우할 수 있을 것이다.

보수동 책방골목

**시간이 멈춘 거리**
**헌책방 속 보물찾기**

VOICE
POCKET DICTIONARY
paris
OXFORD
wordpower
PARIS
New Zealand
hindi
LAROUSSE
New Zealand
COP WORLD
MOJO
ROGET'S THESAURUS
WESTERN CIVILIZATIONS
PUNCH LINES
AMERICAN CENTURY
The Norton Anthology of Poetry

# Theme Place

골목마다 숨은 이야기를 풀어내는 공간을 소개한다.
이곳에서는 책장을 넘기는 속도도, 발걸음도 느려진다.

CULTURAL SPACE

## 브라운핸즈 백제

1922년 지어진 근대 건축물과 2016년 카페의 해후, 브라운핸즈의 이야기다. 백제병원, 일본군장교숙소, 중국음식점으로 이용되며 시간의 흔적들을 쌓은 아름다운 공간이 카페로 탈바꿈했다. 서울 도곡점, 마산점에 이어 부산에 자리한 브라운핸즈는 작가들의 전시 지원 프로그램도 운영한다.

A. 부산시 동구 중앙대로209번길 16

T. 051-464-0332

O. 10:00-23:00(연중무휴)

P. 차이나타운 공영 주차장 이용

WALK

## 168계단

초량 이바구길에서 빼놓을 수 없는 명소가 있다면 바로 168계단이다. 계단을 오르다 보면 만날 수 있는 김민부 전망대에서는 부산역, 부산항대교, 부산항의 절경을 한눈에 감상할 수 있다. 파란 하늘과 맞닿은 풍경을 만나볼 수 있는 산복도로의 매력은 곧 완공 예정인 모노레일을 통해서도 즐길 수 있다.

A. 부산시 동구 영초길191번길

T. 051-253-8253(부산종합관광안내소)

H. tour.bsdonggu.go.kr

P. 인근 유료 주차장 이용

CULTURAL SPACE

## 핑크로더

최근 부산을 찾는 관광객들은 해운대, 광안리 외에도 다양한 곳으로 시선을 확대하고 있다. 지역 주민들과 상생하는 공정 여행을 만들어가고 있는 핑크로더에서는 부산을 표현할 수 있는 다른 여행 방법들을 모색하고 있다. 여행 프로그램인 '부산온나'를 통해 마을지도를 제작하고 콘텐츠를 개발한다.

A. 부산시 중구 책방골목길 8-1

T. 051-254-2420

O. 10:00-20:00

P. 인근 유료 주차장 이용

BOOKSTORE

## 우리글방

클래식 음악에 귀를 기울이고, 15만 권에 달하는 책의 향연에 시선을 빼앗기는 곳. 1987년부터 시작된 우리글방은 보수동 책방골목에서도 규모가 가장 큰 헌책방이다. 도로변 1층을 개조해 만든 북카페에 앉아있으면 창밖 사람들의 모습이 마치 음소거된 무대를 보는 것 같은 착각을 불러일으킨다.

A. 부산시 중구 대청로 63

T. 051-241-3753

O. 10:00-19:00(첫째, 셋째 주 일요일 휴무)

P. 용두산 공영 주차장 이용 가능

BOOKSTORE

## 업스테어

동광동 인쇄골목의 책방 업스테어. 소장 욕구를 불러 일으키는 해외 아트북과 초판본 시집 등 오래된 옛 서적에서는 서점을 찾는 이들과 함께 공유하고 싶은 책방지기의 마음이 묻어난다. 서점에 마련된 작은 바에서는 커피를 즐길 수 있으며 다락은 서가 및 손님들이 책을 읽는 공간으로 활용된다.

A. 부산시 중구 동광길 10 1층

T. 070-8875-0388

H. facebook.com/upstairkr(운영 시간 매주 공지)

P. 가게 앞 주차 가능

CULTURAL SPACE

## 대연동 문화골목

'부산다운 건축상' 대상을 수상하기도 한 문화골목. 도로에 접하지 않은 주택 5채를 연계하여 골목길을 만들고 리모델링을 통해 소극장, 갤러리, 카페, 게스트하우스, LP바, 주점, 꽃집이 들어선 소규모 복합 문화공간이다. 번화가 속에 숨겨진 공간으로 사람들의 사랑을 받고 있다.

A. 부산시 남구 용소로13번길 36-1

T. 051-625-0730

O. 각 스팟마다 상이함

P. 인근 유료 주차장 이용

SELECT SHOP

## 도모

도모는 재미있는 작업을 '도모'하는 세 명의 아티스트가 운영하는 부산대 앞 작업실 겸 쇼룸이다. 엽서, 브로치, 수제 노트 등 시선을 사로잡는 소품에는 이들의 정성이 담뿍 담겨있다. 지나가는 길에 도모라는 예쁜 간판을 보게 된다면 서슴지 말고 가게로 들어가면 된다. 부산 기념품을 사기에도 적합한 곳이다.

A. 부산시 금정구 부산대학로50번길 52

T. 010-2958-7423

O. 11:30-20:30(일, 월 휴무)

P. 가게 앞 주차 가능

CULTURAL SPACE

## 백년어서원

동광동 인쇄골목에 위치한 백년어서원은 여느 작은 서점보다도 많은 책을 보유하고 있다. 이 공간의 이름인 '백년어'는 백 년을 헤엄쳐갈, 백 마리의 나무물고기를 뜻한다. 김수우 시인이 오랜 시간 이어갈 인문학적 가치를 담아내기 위해 마련한 백년어서원은 1층 상상공간 아르케, 2층 인문학 북카페로 운영되고 있다.

A. 부산시 중구 대청로135번길 5

T. 051-465-1915

O. 11:00-21:00(일 휴무)

P. 용두산 공영 주차장 이용

02

# Culture Street

## INTERVIEW

서장현

김석관

## THEME STREET

색동길

부산대 거리

경성대·부경대 거리

## THEME PLACE

스트리트 문화를 담은 공간

## ‘스트리트 문화’를 즐기는 거리

바다를 면한 도시들은 모두 변화의 흐름 속에서 성장한다. 부산 사람들은 변화를 수용하고 그들의 방식으로 풀어냈다. 거리 곳곳에서 성장한 스트리트 문화는 부산을 대변하는 또 다른 이름이다.

**서장현·김석관**

문화공간
비욘드 개러지 대표

# Street Culture That Drives Change

변화를 이끄는 가장 부산스러운 스트리트 문화를 만나다

"평생 한 가지 일에 매진하며 살아온 부산 사람들이 있어요.
자수하는 분, 옷 수선하는 분 등 자신의 길을 걸어온 사람들이요.
그런 개인의 역사가 모여 도시의 새로운 역사를 만들고 있다는 생각이 들어요."

**두 분을 소개해주세요.**

서장현 | 저희는 '안티도트Antidote'라는 이름 아래서 '고사우스Go South', '비욘드 개러지Beyond Garage'를 운영하고 있어요. 해외 서핑, 스케이트보드, 스트리트 브랜드를 소개하죠. 어릴 때부터 워낙 서핑을 좋아해서 해외 서핑 브랜드를 가져와 저렴하게 친구들과 공유하다 일을 시작하게 됐어요.

**의류 편집매장을 운영하다 문화공간인 비욘드 개러지를 열게 된 계기가 있나요? 주변에서 갸우뚱하는 사람들도 있었을 것 같아요.**

김석관 | 해외 출장을 가면 공간을 통해서 브랜드가 가진 철학을 볼 수 있는 기회가 많았어요. 그런 문화가 성숙해진다면 자연스럽게 우리가 가져가고자 하는 가치를 보여줄 수 있지 않을까 생각했죠. 그러다 지금의 쌀 창고와 제지 창고로 쓰이던 부둣가의 대교창고를 발견하고 비욘드 개러지를 시작하게 됐어요.

서장현 | 옷을 팔던 친구들이 카페를 열고, 카페를 연 친구들이 공연장을 하고 하니까 상반된 것들을 한다고 생각하는 사람들이 있지만 저희는 일맥상통한다고 느껴져요. 비욘드 개러지는 원래 친구들이 와서 놀고 그 안에서 다양한 작업을 할 수 있게 마련한 공간이에요. 그런데 부산에는 그런 문화공간의 개념이 익숙하지 않다 보니 이슈가 되었던 것 같아요.

**처음엔 단순히 젊은이들의 공간이라고 생각했지만 브랜드 론칭 파티, 플리마켓, 영화 촬영, 축제 개막식 등 굉장히 다양한 연령층과 장르를 수용하고 있어요. 비욘드 개러**

SANFORNIA

**지를 운영하면서 생긴 인식의 변화가 있다면 무엇인가요?**

서장현 | 문화예술이라고 칭하는 틀 안에 전문인들이 정말 많잖아요. 그래서 저희 같은 비전문가가 하는 일이 이슈가 될 줄은 몰랐어요. 요즘에는 부산시에서 여는 문화예술, 문화공간 관련 회의에 참여하기도 해요. 그런 자리에서 우리의 의견을 낼 수 있다는 점이 놀라웠어요.

**단순히 운이 좋거나 시기가 잘 맞아서 주목을 받은 건 아닌 것 같아요.**

서장현 | 서핑이나 스트리트 패션은 10년, 20년 매진한 일이에요. 부산에서 나름의 문화를 형성해왔고 그걸 풀어낸 결과물이 비욘드 개러지인 거죠. 문화예술에도 유행이나 경향이 있잖아요. 저희는 좋아하는 일을 계속 해온 사람들이었는데, 사회에서 주목하는 시기에 하고 있던 일이 마침 수면 위로 드러난 것뿐이에요.

**운영하는 공간이 모두 중구 광복동 일대에 있는데 이 지역을 선택한 계기가 있나요?**

서장현 | 광복동은 국제시장을 포함해 거의 유일하게 '거리'가 잘 조성된 곳이고, 이곳을 찾는 사람들이 저희가 소개하는 브랜드와 잘 맞을 것 같았어요. 사실 처음 선택한 곳은 해운대였는데, 해운대의 신축 건물보다는 부산의 옛 건물과 옛 거리가 남아있는 이곳의 환경이 우리가 생각하는 부산의 느낌과 잘 맞는다고 느꼈죠. 중구는 저희 둘이 태어나고 자란 곳이기도 하고요.

**거리의 어떤 분위기가 만들어진 후 상권이 형성되는 경우가 있고, 어떤 상점이 들어오고 나서 그 거리의 분위기가**

**형성되는 경우가 있는데 색동길(현재 광복중앙로의 일부)은 후자인 것 같아요.**

서장현 | 처음 색동길은 보세 옷을 파는 작은 가게와 의상실이 대부분이었어요. 패션의 거리에서 벗어나서 숨어있는 골목이었는데 고사우스가 들어서면서 비슷한 색깔의 가게들이 많이 생겼어요. 사람들이 모이니까 음식점과 다른 상점들도 점점 생겨났고요. 종종 이 거리를 '고사우스 거리'라고 해주시는 분도 있어요.

**어떻게 보면 색동길은 스트리트 문화를 대변하는 거리라고 할 수 있겠네요.**

김석관 | 중구, 특히 색동길과 광복동에는 평생 한 가지 일에 매진하며 살아온 사람들이 많아요. 자수하는 분, 옷 수선하는 분 등 자신의 길을 걸어온 사람들이요. 정말 멋있죠. 지금 그 거리에 젊은 사람들이 들어가 자기만의 가게를 꾸리기도 하고요. 그런 개인의 역사가 모여 도시의 새로운 역사를 만들고 있다는 생각이 들어요. 며칠 전 상해에 다녀왔는데 한쪽에는 초고층 빌딩이 몰려있는 금융단지가 있고, 다른 쪽에는 식민지 시절 유럽식 건물과 옛 중국 건물이 어우러져 있더라고요. 그 모습이 재미있었어요. 계획된 신도시를 가보면 사람들은 많이 오가도 정작 생활은 없는 느낌이 들잖아요.

**보통 부산 하면 떠올리는 이미지가 단순히 '바다' 혹은 '자갈치시장'인 것처럼 통상적이거나 토속적인 느낌이 있어요. 그런데 두 분이 벌이는 일을 보면 부산을 그런 단어로만 표현할 수는 없는 것 같아요.**

서장현 | 부산 사람들은 투박할 것 같고 흐름에 민감할 것

같지 않아 보이겠지만, 바다를 면한 지리적 특성 때문에 역사적으로도 변화에 있어 핵심적인 곳이에요. 뉴욕이나 런던처럼 오래된 도시 시민들이 가진 확고한 의식이 있는데, 부산 사람들도 자기 지역에 프라이드를 갖고 있어요. 다른 도시에 없는 자연환경과 지역 고유의 정서를 지키고 보존하면서 살려고 하거든요. 그런 부산의 특징이 지금까지 통상적이고 보편적인 단어로 알려졌다면 지금 세대는 다양한 것을 보고, 많은 것을 느끼면서 다양한 문화에 '부산다움'을 어떻게 접목할 수 있는지에 고민하고 시도하는 과정인 것 같아요. 저희도 그렇고요.

**변화의 흐름 속에서 두 분이 가져가고 싶은 철학이 있나요?**

서장현 | 스트리트 문화 속에서 하나의 대명사가 되는 것이 저희의 목표예요. 저희가 추구하는 문화적인 이미지가 사람들에게 인식되길 바라죠. 추세에 따라 바뀌는 것이 아니라 우리가 하고 싶은 일을 꾸준히, 즐겁게 하는 사람들로 기억됐으면 좋겠어요.

**마지막으로 진짜 부산의 모습을 보여줄 수 있는 거리는 어디라고 생각하나요?**

서장현 | 개인적으로 영화 〈도둑들〉을 찍은 부산데파트 뒤 가로수길을 좋아해요. 굉장히 긴 길인데 옛 건물이 많이 남아있어서 멋스러워요. 서울의 옛날 가로수길 분위기도 나고요.

김석관 | 골목이 멋진 용호동도 좋고, 수영역 뒤쪽에 전통재래시장도 멋있죠. 사실 신축 건물 없는 곳이 좋은 것 같아요. 옛날 부산의 모습을 아직도 간직하고 있는 곳이요.

# The Hipster's Choice

부산의 멋을 찾을 수 있는 세 가지 공간

CULTURAL SPACE **BEYOND GARAGE 비욘드 개러지**

비욘드 개러지는 일제강점기 때 지어진 창고를 개조해 부산의 근대를 그대로 보여준다. 동시에 부산항 바로 앞에 위치하고 있어 가장 부산다운 모습을 가지고 있는 문화공간이다. 농구도 하고 스케이트보드도 탈 수 있는 자유로운 공간에서 문화공연장으로 확대된 비욘드 개러지는 각종 공연과 파티, 플리마켓, 전시회 등 다양한 형태로 열려있다.

A. 부산시 중구 대교로 135
T. 051-244-4676
O. 수시 오픈(일정 확인 후 방문 요망)
P. 건물 앞 마당 주차장으로 이용 가능

FASHION **PORTVILLE 포트빌**

색동길의 보물창고, 오래 인연을 쌓아온 단골 매장처럼 편안한 편집숍인 포트빌은 미국의 유틸리티 웨어를 기반으로 밀리터리 웨어, 워크웨어, 아웃도어 등 실용적이고 튼튼한 내구성을 자랑하는 제품을 주로 다룬다. 전 생산과정이 모두 부산에서 이루어지는 로컬 패션 브랜드 스웰맙의 의류 또한 판매하고 있다.

A. 부산시 중구 광복중앙로24번길 4-4
T. 070-4412-3013
O. 11:00-21:30
P. 용두산 공영 주차장 이용

SELECT SHOP **VINTAGEEYE 빈티지아이**

흐트러지지 않은 인테리어와 오리지널리티를 뽐내는 제품들은 방문한 모든 이들의 시선을 끌기 충분하다. 멋은 물론 기계로서의 기능 역시 중요하기에 전속 시계 엔지니어도 고용되어 있다. 대중들에게 친숙한 브랜드부터 마니아들에게 사랑받는 브랜드까지 수십 종류의 시계와 안경을 구경하는 것만으로도 안목을 높일 수 있는 공간이다.

A. 부산시 중구 광복중앙로24번길 6
T. 010-4654-1379
O. 12:00-22:00(연중무휴)
P. 용두산 공영 주차장 이용

THEME STREET ° BUSAN °

# THEME STREET

청춘의 문화를 만나는 거리

부산은 종종 자갈치시장, 돼지국밥 등 한정적인 이미지로 대변된다. 과연 그것만이 부산이 가진 매력일까? 도심 속에서 만날 수 있는 부산의 다른 얼굴, 스트리트 문화를 보여주는 거리를 찾았다.

색동길

**부산의 트렌드세터가 모이는 광복동의 비밀 아지트**

예전부터 의상실이 많아 색동길이라는 애칭으로 불린 길은 지금까지도 여전히 그 색을 잃지 않고 있다. 광복동을 가로지르는 큰 길 옆 자칫 지나칠 수 있는 샛길로 통하는 곳으로 일단 첫 발걸음을 옮기면 한 걸음을 떼기 어려울 정도로 시선을 사로잡는 편집숍들과 카페까지 볼거리와 즐길거리들이 즐비하다. 색동길은 번잡하지 않은 서울의 가로수길 혹은 일본 도쿄의 다이칸야마를 떠올리게 하는 곳이다. 이 작은 골목길에는 마니아들의 빈티지 가게부터 부산에서 출발한 스트리트 패션 브랜드까지 부산의 트렌드세터들이 점차 자리를 채워나가며 그들만의 고유한 문화를 형성해나가고 있다.

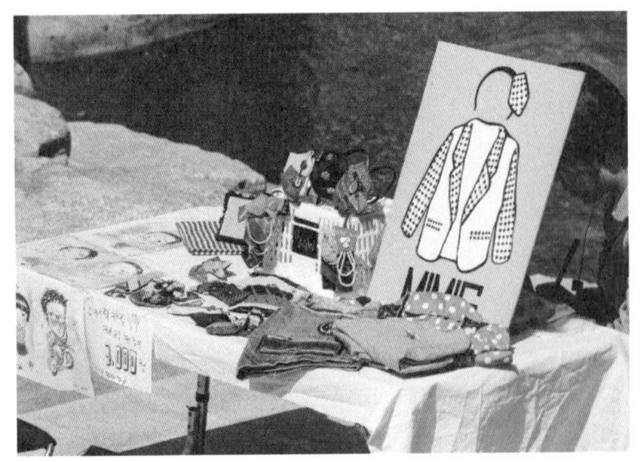

부산대 거리

**부산 토박이들이 만들어가는 청춘의 문화**

부산대학교는 차분하면서도 활기찬 캠퍼스 특유의 생기발랄함을 느낄 수 있는 곳이다. 부산을 여행하는 사람들이 여행 스팟으로 찾기보다는 부산 토박이들이 터전을 잡아 문화를 만들고 지켜가는 공간에 가깝다. 학교 정문 앞을 지키는 토스트 가게부터 패셔너블한 상점까지 두루두루 즐길 수 있다. 격주 플리마켓이 열리니 일요일에는 부산대 앞으로 발걸음을 옮겨보자.

경성대·부경대 거리

**밤에 더 빛나는 총천연색 젊음의 향연**

온몸으로 젊음이 무엇인지 표출하고 있는 동네가 있다면 이곳이 아닐까. 부경대와 경성대를 비롯해 부산예대, 동명대가 모여있는 알짜배기 캠퍼스 지역으로 유행이라는 것이 있다면 바로 여기에서 느껴야만 할 것 같은 기분이다. 경성대·부경대 거리는 부산의 홍대입구라 지칭해도 지나침이 없다. 또한 부경대와 경성대를 중심에 두고 동서로 이동 가능한 대연동과 남천동까지 확장된 젊음의 열기는 계속된다.

EYEWEAR/WATCH/GOODS
ORIGINAL/ANTIQUE/VINTAGE
VINTAGEYE
olle

# Theme Place

변화의 흐름 속에서 새로운 길을 만들어낸,
스트리트 문화의 '지금'을 보여주는 곳을 소개한다.

SELECT SHOP

## 발란사

여러 색이 모여 빛을 낸다는 의미를 지닌 발란사는 이미 9년의 역사를 지닌 수입 브랜드 편집숍이다. 취향이 분명한 잡동사니들이 자리를 지키고 있다. 미국과 일본에서 수입한 발란사의 물건들을 보고 있노라면, 주인의 취향을 엿볼 수 있는 동네 사랑방 같기도 하다.

A. 부산시 남구 수영로358번길 24

T. 070-8738-3606

O. 12:00-21:00(연중무휴)

P. 인근 유료 주차장 이용

NIGHTLIFE

## 레블

Don't worry, Get excited. 걱정하지 말고 즐기라는 레블의 슬로건이다. 약 10년간 경성대 언더 문화 공연장으로 자리를 지켜온 '패브릭'이라는 공간에 만들어진 레블은 다양한 기획 공연에서부터 음반 제작, 디자인, 파티 등 자체 콘텐츠 제작을 중심으로 하는 복합 문화예술 공간이다.

A. 부산시 남구 용소로19번길 10 지하 1층

T. 010-5573-2434

O. 22:00-06:00

P. 인근 유료 주차장 이용

RESTAURANT

## 나유타 채식식당

장성시장의 골목 안 끄트머리에 자리잡은 나유타 채식식당은 리아, NACCA, 오짱 3명이 운영하는 무국적 비건 채식을 추구하는 카페와 식당을 겸하는 곳이다. 나유타 페이스북 페이지에서 오늘의 요리에 대한 정보를 얻을 수 있으니 방문하기 전 메뉴를 체크하는 것이 좋겠다.

A. 부산시 금정구 수림로61번길 53

T. facebook.com/cafenayuta

O. 12:00-20:00(일 휴무)

P. 장전역 공영 주차장 이용

CULTURAL SPACE

## 예술지구P

부산의 끝자락, 회동동 공장 밀집 지역에 특별한 공간이 생겼다. 다양한 문화예술 활동을 향유하는 데 도움을 주기 위한 설립 취지처럼, 예술지구P에 속한 창작공간P에서는 미술가 레지던스 및 기획전시가 열리고, 전방위 예술극장 금사樂에서는 연극, 음악 등의 공연이 이루어진다.

A. 부산시 금정구 개좌로 162

T. 070-4322-3113

O. 10:00-19:00(일, 공휴일 휴무)

P. 건물 앞 주차 5대 가능

LIFESTYLE

## 킬러스웰

광복동의 편집숍 고사우스 한쪽에 있던 독특한 바 형태의 카페이던 스웰이 킬러스웰로 독립했다. 킬러스웰은 서핑 장비를 팔고 서핑에 대한 정보를 얻을 수 있는 서프숍 겸 카페다. 서프숍은 바닷가에 있어야 한다는 고정관념을 탈피해 다운타운에 가게를 열었다. 서핑에 관련된 특색 있는 인테리어 소품들도 판매한다.

A. 부산시 중구 중앙대로 24

T. 051-441-9942

O. 12:00-21:00(연중무휴)

P. 인근 유료 주차장 이용

CULTURAL SPACE

## 젠틀몬스터 부산플래그쉽스토어

아이웨어 브랜드 젠틀몬스터 쇼룸은 1층 리셉션 데스크와 그 자리를 지키고 있는 로봇 쿠카의 퍼포먼스가 사람들의 이목을 집중시킨다. 각 쇼룸마다 독특한 컨셉으로 색다른 공간을 선보인다. 설치미술과 제품들이 오묘한 조화를 이루는 이색적인 공간 속 2층에는 안경, 3층에는 선글라스가 진열되어있다.

A. 부산시 중구 광복로 78-1

T. 051-254-7898

O. 12:00-21:00(연중무휴)

P. 용두산 공영 주차장 이용

NIGHTLIFE

## 올모스트 페이머스

올모스트 페이머스는 부산에서 언더그라운드 문화와 음악을 지향하는 클럽이다. 매주 다른 콘셉트의 파티가 열리며, 기획자들이 모여 만드는 파티는 서울에서도 부산에서도 플레이된다. 서울에서 활동하는 DJ들과도 꾸준하고 밀접한 교류를 통해 퀄리티 높은 디제잉을 선보인다. 평소에는 펍 & 바로 운영되며 주말에는 클럽으로도 운영된다.

A. 부산시 남구 수영로 322번길 8

T. 051-612-2265

O. 20:00-(일, 월, 화 휴무)

P. 인근 유료 주차장 이용

MARKET

## 부산대 플리마켓 '아마존'

성격도, 종류도, 셀러들도 다양한 플리마켓이 최근 수 년간 전국적으로 번지고 있다. 첫째, 셋째 주 일요일 오후 부산대역 3번 출구 아래 온천천 산책로에서 만날 수 있는 아마존은 2010년 시작되어 부산의 마켓 중에 가장 오래되었다. 편집숍 도모를 이끄는 아마존의 운영자는 지역 작가들과 협업해 매달 새로운 주제로 마켓을 연다.

A. 지하철 1호선 부산대역 3번 출구 아래

H. cafe.naver.com/amazon0707

O. 매주 첫째, 셋째 주 일요일

P. 장전동 공영 주차장 이용

BOOKSTORE

## 샵메이커즈

장전동에 터를 잡은 아늑한 책방과 쇼룸, 그리고 최근에는 카페로 공간을 확장한 샵메이커즈는 문화공간이라 불려도 좋은 곳이다. 소규모로 제작되는 문구들을 판매하는 것은 물론, 핸드메이드 가구들도 매장에서 만나볼 수 있다. 작가와 독자와의 만남도 지속적으로 기획하고 있어 매달 독특한 콘셉트의 워크숍과 행사에 참여할 수 있다.

A. 부산시 금정구 부산대학로64번길 120 1층

T. 051-512-9906

O. 12:00-20:00(월 휴무)

P. 매장 앞 1-2대 주차 가능

CAFE

## 인앤빈커피로스터스

물티슈 공장에서 빈티지한 멋을 살린 문화공간으로 탈바꿈한 인앤빈커피로스터스에는 이름 그대로 로스터리 공장이 가동된다. 로스팅을 전문으로 하는 곳이기에 테이블의 수가 많지는 않지만, 커피를 즐기는 사람이라면 원두를 구매하기 위해 이곳에 방문할 것을 권한다. 주말에는 부산 로컬 아티스트들의 콘서트 및 전시가 진행되기도 한다.

A. 부산시 진구 전포대로300번길 22 1층

T. 051-807-5502

O. 09:00-18:00(토, 일 휴무)

P. 부산북교회 주차장 이용 가능

FASHION

## 그룸

부산 최초의 바버숍 그룸. 할아버지에서 아버지를 거쳐 그룸의 주인이 된 젊은 이발사가 운영하는 곳으로 100년 가까이 된 이발 의자에서부터 영국에서 직접 가져온 빈티지 가구로 둘러싸인 공간이다. 커트, 파마, 염색 등 전문 바버의 손길로 댄디한 남성 스타일을 연출할 수 있다. 100퍼센트 예약으로 운영된다.

A. 부산시 부산진구 중앙대로680번길 30 지하 1층

T. 010-9480-1550

O. 11:00-23:00

P. 인근 유료 주차장 이용

CULTURAL SPACE

## 더 팬케이크 에피데믹(TPE)

더 팬케이크 에피데믹은 오리지널 팬케이크를 비롯해 미국 스페셜티 커피인 스텀프타운 원두를 사용하는 팬케이크 전문점이다. 1997년 부산 남천동에서 해외 스트리트 브랜드를 소개한 편집숍 카시나도 스투시, 나이키, 허프, 프라그먼트 등 브랜드 제품을 이 공간에서 함께 선보인다. 아름다운 뷰를 보기 위해서는 느지막한 오후에 가는 것을 추천한다.

A. 부산시 해운대구 해운대해변로 257

T. 051-746-9143

O. 10:00-22:00(명절 휴무)

P. 건물 지하 주차장 1시간 무료

MARKET

## 마켓움

마켓에서 지움, 나움, 배움을 더해 새로움이 움텄으면 하는 마음으로 마켓움이라는 이름을 지었다. 대부분의 마켓은 정관읍 창곶에서 열리지만, 센텀시티 영화의전당과 기장 대룡마을로 장소를 옮겨 열리기도 한다. 캠핑용품, 가죽공예제품, 빈티지 의상, 수제 간식, 즉석 먹거리 등 볼거리와 즐길거리가 다양하다.

A. 부산시 기장군 정관읍 병산로 42-4

H. instagram.com/sapoon_

O. 한 달에 한 번 인스타그램을 통해 공지

P. 도로건설공사 주차장 이용

FASHION

## 노클레임

온라인으로 8년, 오프라인으로 2년째 운영을 이어오고 있는 편집숍 노클레임에는 그들만의 아카이브가 있는 브랜드에서부터 트렌드를 만들어가는 신진 디자이너들의 제품을 다양하게 만날 수 있다. 20대 힙스터들부터 50대까지 다양한 연령층이 찾는 노클레임은 이미 옷 잘 입는 부산 남자들에게는 오래전부터 입소문이 자자한 곳이다.

A. 부산시 진구 전포대로209번길 39-4

T. 070-4085-5255

O. 12:00-20:00(명절 휴무)

P. 인근 유료 주차장 이용

LIFESTYLE

## 썸띵인히얼

썸띵인히얼은 판매자들이 좋아하는 제품을 소비자와 함께 공감하기 위해 만든 라이프스타일 셀렉숍이자 카페다. 스튜디오 일팔공이의 테이블웨어, 어바웃 마이홈의 패브릭 제품을 주력 상품으로 판매하며 주로 리빙 아이템 위주로 구성되어있다. 단순하게 물건만 파는 곳이 아닌, 다양한 관심사를 손님들과 함께 나누는 공간이다.

A. 부산시 금정구 장전로12번길 32-5

T. 070-7738-2020

O. 12:00-20:00(일 휴무)

P. 장전역 공영 주차장 이용

SELECT SHOP

## 라이즈웍스

광안리 해수욕장에서 도보로 5분 거리에 있는 골목에는 프로 스노보더가 운영하는 스트리트 패션 편집숍이자 같은 공간을 활용해 카페로 영역을 확장시킨 라이즈웍스가 있다. 리브레 원두를 사용한 커피와 크래프트 맥주는 물론, 수제 치아바타 핫도그도 맛볼 수 있다. 라이즈웍스의 제품들은 온라인숍에서도 구매 가능하다.

A. 부산시 수영구 광남로 65

T. 051-627-8554

O. 11:00-22:00(화 휴무)

P. 인근 유료 주차장 이용

03

# Tasty Street

## INTERVIEW



## THEME STREET



## THEME PLACE

## 맛과 멋을 담은 거리

부산은 바다의 맛을 포용하는 동시에 전국의 맛을 느낄 수 있는 유일한 도시다. 어느 거리에 가도 찾을 수 있는 노포와 먹자골목, 그리고 고유의 맛과 멋을 담아 새로이 해석한 음식의 파노라마가 부산에서 펼쳐진다.

**스테판 터코트**

갈매기 브루잉 대표

# Brewing the Taste of the Ocean

캐나다와 부산 사이, 바다의 맛을 맥주에 담다

"아쉽게도 광안리를 제외하면 풍경 좋은 곳에 수제 맥주펍이 있진 않아요.
광안리에 있는 몇몇 장소가 좋은 이유는 거기에 있어요.
맥주를 마시며 바다의 풍경을 즐기는 데 이만한 곳이 없거든요."

**한국에는 많은 도시가 있는데, 어떻게 부산을 선택하게 되었나요?**

제 고향은 캐나다예요. 한국에 오기로 정했을 때, 고향 친구들이 부산을 추천해줬죠. 큰 도시지만 작은 항구 도시처럼 느껴져서 좋다고 말해준 기억이 나네요. 친구들은 캐나다로 돌아갔고 저는 여전히 이곳에 살고 있어요.

**한국 사람들에게 부산은 맛있는 음식이 많은 곳으로 통하곤 해요. 스테판이 생각하는 '부산의 맛'은 어떤 것인가요?**

파전, 돼지국밥, 회 같은 음식에서 느껴지는 '짠맛'이 부산의 맛인 것 같아요. 해산물이 주재료라 그렇겠죠. 바다 근처의 도시여서일까요? 사람들에게서도 바다의 맛이 느껴져요.

**부산의 음식 중 특별히 좋아하는 것이 있나요?**

돼지국밥과 파전을 좋아해요. 일이 바빠서 자주 먹지는 못하지만 종종 찾곤 하죠. 저희 안주 메뉴로도 해산물을 활용한 요리를 내놓고 있어요. 굴이나 오징어를 활용한 스프, 튀김 등을 준비했죠.

**스테판이 생각하기에 맥주와 잘 어울리는 부산의 음식이 있다면요?**

사실 국물이 있는 음식은 별로인 것 같아요. 국밥 같은 종류요. 하지만 보쌈이나 굴 같은 것은 잘 어울려요. 특히 굴은 스타우트와 정말 잘 어우러져요. 스타우트의 쓴맛과 굴의 짠맛은 서로의 맛을 더 좋게 해주죠. 맥주엔 신맛도 있어요. 효소가 발효되는 과정에서 나오는 신맛이죠. 우리가 보쌈을 먹을 때 김치와 먹잖아요. 그런 느낌으로 신 맥주를 보쌈과 곁들이는 것도 추천해요.

GALMEGI
BREWING CO

**부산이 맛이 풍부한 도시란 걸 스테판도 잘 알고 있는 것 같아요. 그렇다면 다양한 음식 중에서 왜 하필 맥주를 만드는 일을 선택했는지 물어보고 싶네요.**

맥주를 만드는 것은 제 취미이자 열정이었어요. 제가 아주 어릴 때부터 시작된 일이죠. 저희 아버지는 집에서 와인, 사이다, 맥주 같은 것을 만들곤 했어요. 어릴 때부터 다양한 맛의 음료를 맛보고 자란 저에게 부산의 맥주나 막걸리는 사실 지루하게 느껴졌어요. 큰 회사에서 같은 맛으로 만든 것을 유통하다 보니, 취향에 맞게 고를 수 있는 폭이 좁았어요. 캐나다에서 그랬던 것처럼 다양하고 맛있는 맥주를 먹어보고 싶어 시작하게 된 일이에요.

**한국에서는 집에서 맥주를 만드는 게 흔한 일은 아니란 걸 알고 있나요? 과실주를 담그긴 해도 맥주는 아직이거든요. 이런 맥락에서 캐나다 맥주 문화와 한국의 맥주 문화엔 차이가 있을 것 같아요. 캐나다인으로서 본 한국의 맥주 문화는 어떤가요?**

20년 전, 미국과 캐나다에 수제 맥주 바람이 불었어요. 지금은 25퍼센트 정도가 수제 맥주일 정도로 보편화되었죠. 한국에는 최근 수제 맥주에 대한 관심이 생기고 있는 것 같아요. 아직은 1퍼센트도 안 되지만 점점 바뀌고 있다고 느껴져요. 취향에 맞는 맥주를 찾아 마시는 것이 일반화된 캐나다에선 가정마다 2리터 정도 되는 맥주병을 갖고 있어요. 좋아하는 맥주 가게에서 그 병에 맥주를 포장해서 소풍을 가거나 집에서 즐기곤 하죠.

**처음 이 일을 시작할 때와 지금의 한국은 어떤가요? 작게나마 맥주 문화의 변화가 느껴지나요?**

처음 이 일을 시작할 때 주변에서 "한국 사람들은 쓰고 센 맥주를 안 좋아해."라고 말했거든요. 그래도 '한번 해보자.' 하는 마음으로 쓴맛의 맥주를 팔아봤는데, 쓰고 센 맥주가 의외로 인기가 많더라고요. 아마 맥주 문화가 조금씩 변해가고 있다는 증거가 아닐까요? 그 후론 "한국 사람들은 이런 걸 안 좋아해."라는 식의 얘기를 잘 믿지 않아요. 어떤 것도 단정 지을 수 없는 것 같아요.

**갈매기 브루잉은 3년 전에 오픈한 걸로 알고 있는데, 지금 상황은 어떤가요? 매장도 늘어난 것 같고요.**

우린 지금 세 개의 매장을 갖고 있어요. 첫 번째 바는 아시다시피 3년 전에 오픈했죠. 맥주를 제조하는 공간은 2년 전 열었어요. 몇년 전 한국의 엄격했던 맥주 정책이 바뀌면서 우리만의 맥주를 만들 수 있게 됐죠. 3개월 전에는 해운대에 작은 펍도 열었어요. 앞으로도 경남 지역에서 매장을 꾸준히 늘릴 계획이에요.

**세 가지 숍 중 두 개가 광안리에 있잖아요. 왜 하필 광안리를 선택했나요?**

저는 부경대학교에서 선생님으로 일했어요. 이 근처에서 살았기에 자연스러운 선택이었어요. 물론 광안리가 해운대보다 땅값이 저렴하다는 점도 한몫을 했어요. 광안리가 맥주를 즐기기에 너무나 아름다운 동네인 것은 두말할 것도 없죠.

**그렇다면 광안리가 '맛'을 즐기기에 최고의 동네인 것 같나요?**

맥주나 커피를 즐기기엔 광안리 만한 곳이 없어요. 하지만

다른 스타일의 음식을 즐기기엔 여러 장소들이 있는 것 같아요. 해운대시장에는 매우 유명한 오래된 지역 식당들이 있죠. 태종대 근처에는 바다 앞에서 조개구이를 파는 가게들이 많고요. 남포동은 거리 음식이 좋죠.

**광안리도 좋지만, 맥주를 마시며 보면 좋을 부산의 풍경에는 어떤 것이 있을까요?**

아쉽게도 광안리를 제외하면 수제 맥주펍이 풍경 좋은 곳에 있진 않아요. 보통 시내에 있죠. 광안리에 있는 저희 수제 맥주펍과 몇몇 장소가 좋은 이유는 거기에 있어요. 맥주를 마시며 바다의 풍경을 즐기는 데 이만한 곳이 없거든요. 만약 맥주를 들고 다른 장소를 찾아간다면 얘기가 달라져요. 부산엔 너무 아름다운 풍경이 많으니까요.

**이름이 '갈매기 브루잉'이잖아요. 부산을 상징하는 갈매기를 가게 이름으로 정한 이유가 있나요?**

야구를 좋아해서 야구장을 찾아다니다 보니, 부산의 상징이 갈매기라는 것을 알게 되었어요. 갈매기로 만든 옷, 갈매기란 말이 들어가는 노래를 즐기다 보니 갈매기가 자연스레 부산이라고 느끼게 되었죠. 부산이라는 지역을 대표하는 브루잉이 되길 원했기 때문에 이 단어가 가장 적절하다고 판단했어요. 그리고 갈매기라는 단어의 발음을 좋아해요. 영어로 읽어도 한글로 읽어도 세 음절로 예쁘게 끊어지는 말이잖아요.

**갈매기 브루잉의 메뉴 중에 추천해주고 싶은 것이 있나요?**

샘플러를 추천해요. 저희 메뉴를 조금씩 맛볼 수 있거든요. "나는 흑맥주를 안 좋아해."라고 말하는 사람들이 있는데, 저희 가게의 흑맥주 맛은 또 다르거든요. 일단 조금씩 맛보고 맞는 메뉴를 찾길 바라서 만든 거예요. 우리의 철학은 손님들 각자에게 맞는 맥주를 제공하자는 거예요. 그래서 꼭 샘플러가 아니더라도 어떤 맥주를 조금 맛보고 결정하고 싶다고 하면 조금 덜어서 맛보게 해드려요.

**맥주를 둘러싼 다양한 일을 하고 있는 것 같은데, 앞으로의 계획은 어떤지 궁금하네요.**

부산과 경상남도 지역에서 직접 맥주를 꾸준히 만들어 판매할 거예요. 한국에서 가장 큰 맥주 생산자가 되고 싶지 않아요. 가장 좋은, 더 나은 맥주를 생산하고 싶죠. 어떻게 하면 더 좋은 맥주를 만들어서 경상남도에 멋진 맥주 문화를 정착시킬 수 있을지 늘 고민하고 있어요.

# The Brewer's Choice

광안리가 품은 먹고 마시기 좋은 세 가지 맛집

### RESTAURANT **GAEMIZIP 개미집**

광안리 해변가를 따라 산책하다 한 블록 안쪽으로 들어가 보면 낙지볶음과 해물전골, 그리고 낙지, 곱창, 새우를 볶아서 밥에 비벼 먹는 일명 '낙곱새'로 유명한 개미집에 도착한다. 김가루 솔솔, 콩나물과 정구지를 팍팍 넣어 슥슥 비벼 먹으면 끝. 남포동, 해운대에서도 만날 수 있다.

A. 부산시 수영구 광남로130번길 9
T. 051-758-7172
O. 09:30-22:00
P. 맞은편 등대주차장 무료 주차 가능(1시간 무료 도장 지참)

### CAFE **CAFE JOMALSOON 카페 조말순**

자칫 지나칠 수 있는 골목길, 에메랄드색 타일이 눈에 띄는 작은 카페가 있다. 카페 조말순에는 '핸드 메이드'라는 이름이 너무나도 어울리는 메뉴들이 즐비하다. 한 끼 식사로 손색 없는 우엉주먹밥에 거품마저 사랑스러운 생강라떼 한 잔은 어떨까?

A. 부산시 수영구 수영로510번길 42
T. 070-7622-8186
O. 화-토 11:30-16:00, 17:00-21:00, 일 11:30-14:30, 15:30-18:30(월 휴무)
P. 가게 앞 주차 1대 가능

### NIGHTLIFE **GALMEGI BREWING 갈매기 브루잉**

부산의 오리지널 수제 맥주를 맛보고 싶다면 광남로의 갈매기 브루잉을 방문해야 한다. 자체 양조장을 보유하고 있는 것은 물론, 뉴욕 출신의 셰프가 선보이는 요리 또한 맛볼 수 있다. 갈매기 샘플러는 네 종류의 맥주를 입맛대로 즐길 수 있는 메뉴.

A. 부산시 수영구 광남로 58
T. 070-7677-9658
O. 평일 18:00-01:00, 토요일 14:00-02:00, 일요일 14:00 - 00:00
P. 인근 유료 주차장 이용

# THEME STREET

THEME STREET ° BUSAN °

## 맛집의 새로운 지평을 여는 거리

여행의 필수 요소인 음식. 맛있는 식당에 가서 제대로 한 끼만 먹어도 즐거워지는 것이 여행이다. 부산 맛의 '지금'을 담고 있는 거리, '전통'을 담고 있는 거리, 그리고 그 둘이 섞여 새로운 맛을 만들어내는 거리를 소개한다.

광남로

**광안리 뒷골목**
**독특한 개성을 지닌 맛집 거리**

광안동과 남천동을 통과하는 도로라 두 지명의 앞 글자를 딴 곳, 쉽게 말해 광안리 해수욕장으로 들어서기 바로 직전의 길을 광남로라 부른다. 광남로는 수영로와 광안해변로의 중간 지점에 자리하고 있어 오래된 주택지를 통과하며 상가 또한 발달해있다. 원조언양불고기, 낙지요리 전문 개미집 등 깊은 맛을 내는 부산 대표 맛집들부터 갈매기 브루잉, 프루티, 카페 조말순 등 독특한 개성을 지닌 핫플레이스들이 광남로 인근에 자리하고 있다.

전포동 카페거리

**서면에 숨겨진**
**부산 카페 문화의 근원지**

서면의 부전도서관 맞은편 골목길, 2009년 즈음부터 작은 카페들이 하나둘 생기기 시작하며 전포동 카페거리가 조성되었다. 최근 몇 년간 독특한 카페와 밥집이 둥지를 틀었다. 전포동에서 도보로 이동 가능한 송상현 광장과 부전시장에도 카페들이 생기고 있어 취향에 따른 선택의 폭이 넓어졌다. 서면에서 약속을 앞두고 있다면 카페 선택에 심혈을 기울여보자.

부평깡통야시장

**전통과 세계의 조우**
**길거리 음식을 총망라하다**

서울의 명동을 떠올리게 하는 남포동의 번화가에서 충무동 족발 골목으로 발걸음을 옮기다 보면 골목마다 보물찾기하듯 상점들이 늘어서 있다. 해가 지고 저녁 7시 이후가 되면 야시장이 시작된다. 베트남식 튀김만두, 낙지호롱이, 니꾸마끼, 녹두전, 빠네스프 등 만 원이 채 안 되는 가격에 다양한 길거리 음식을 즐길 수 있다.

깡통
함박
스테이크

# Theme Place

제대로 된 식사 한 끼만큼 중요한 여행의 요소가 있을까. 부산을 맛으로 기억할 수 있는 곳을 소개한다.

TRADITION

**개금밀면**

1966년 작은 가게에서부터 시작한 개금밀면은 최근 2층짜리 건물로 확장했다. 부산 3대 밀면으로 불리기도 하는 이곳은 물밀면과 비빔밀면이 대표 메뉴다. 주문은 셀프서비스로 운영되어 회전율이 빠른 편이다. 집에서도 즐길 수 있도록 2인분들이 한 봉지에 만 원으로 판매하고 있다.

A. 부산시 부산진구 가야대로 482번길 9-4

T. 051-892-3466

O. 09:30-20:00(명절 당일 휴무)

P. 인근 홈플러스 주차장 이용

NIGHTLIFE

**스텔라**

광안리 해변을 따라 민락회센터 쪽으로 걷다 보면 분위기가 남다른 피맥(피자와 맥주)집 스텔라가 있다. 가게 한쪽을 오픈 도어로 만들어 광안리의 바닷바람을 스치듯 느낄 수 있고, 계단식 자리 배치가 독특한 곳이다. 매콤하게 볶아낸 비프칠리 소스가 입맛을 자극하는 미트밤 피자와 맥주를 곁들여보자.

A. 부산시 수영구 민락로6번길 9

T. 070-8826-5769

O. 월-목 17:00-01:00, 금 17:00-02:00, 토-일 14:00-02:00

P. 가게 옆 주차장 2시간 기준 1000원 할인

BAKERY

## 이흥용과자점 문현본점

자신의 이름을 건 가게를 운영한다는 건 자신감과 책임감을 동시에 가져야 한다는 의미다. 1995년 문을 연 이흥용과자점은 특허 출원을 한 명란바게트부터 건강빵까지 다양한 빵을 선보인다. 부산대학교 근처에 살롱드보네라는 디저트 카페도 운영하며 정통 디저트로 오감을 즐겁게 만든다.

A. 부산시 남구 수영로39번길 2-1

T. 051-635-4454

O. 08:00-23:00

P. 문현 유료 주차장 이용

TRADITION

## 포항돼지국밥

서면시장의 국밥 골목, 모두가 분주하게 움직여 한 그릇의 국밥을 만들어낸다. 1941년부터 3대째 가업을 이어오고 있는 포항돼지국밥에는 특히 단골 어르신들이 많다. 한 끼를 든든하게 해결할 수 있는 돼지국밥에 수육백반과 쫄깃한 순대는 참 잘 어울리는 조합이다.

A. 부산시 부산진구 서면로68번길 25

T. 051-807-5439

O. 24시간 연중무휴

P. 인근 유료 주차장 이용 가능

TRADITION

## 물꽁식당

물꽁이란 부산 지역에서 부르는 아귀의 다른 이름이다. 새벽 자갈치시장에서 공수한 싱싱한 아귀만을 취급하는 물꽁식당에서는 생아귀를 이용한 아귀찜을 비롯 아귀탕, 아귀수육 등 오직 아귀만을 재료로 사용한다. 부산 아귀찜 음식점으로는 가장 오래된 50여 년의 역사를 가지고 있으며, 2대에 걸쳐 함께 그 맛을 고스란히 이어가고 있다.

A. 부산시 중구 흑교로59번길 3

T. 051-257-3230

O. 09:00-22:00(연중무휴)

P. 가게 주차장 20대 주차 가능

FRENCH

## 레플랑시

고즈넉한 송정 구덕포 마을 바닷가 앞, 레플랑시는 미슐랭 1-3스타 레스토랑을 두루 거친 프랑크 라마슈 쉐프가 이끄는 프렌치 레스토랑이다. 재료에 따라 매일 바뀌는 점심 세트와 제철 재료를 활용한 계절별로 다른 메뉴를 합리적 가격에 만나볼 수 있다. 통유리로 송정 바닷가를 볼 수 있는 1층과 단체 모임 및 파티가 가능한 2층까지 마련되어있다.

A. 부산시 해운대구 송정구덕포길 144

T. 051-704-2216

O. 11:30-22:00, 브레이크타임 15:00-17:30(월 휴무)

P. 건물 주차장 10대 이용 가능

CAFE

## 프루티

마치 꽃다발을 보는 듯한 카페 프루티의 플레이팅을 보면 먹기 아깝다는 표현이 어떤 뜻인지 정확하게 알 것 같다. 과일이 들어간 모든 음료는 직접 담그며, 과육과 과즙은 생과일을 이용해 만든다. 12시간 이상 발효시킨 수제 요거트와, 매일 다른 메뉴로 만드는 브런치를 맛볼 수 있다. 빈티지한 인테리어도 분위기를 만드는 데 한몫한다.

A. 부산시 수영구 광남로 51 백산맨션상가 2층

T. 051-624-2015

O. 11:00-22:00(수 휴무)

P. 백산맨션상가 주차장 1-2대 이용 가능

TRADITION

## 기장손칼국수

세월을 고스란히 느낄 수 있는 서면시장의 밥집들 가운데, 정직한 굴림체의 간판으로 시선을 강탈하고 있는 곳이 바로 기장손칼국수다. 저렴한 가격으로 오랜 전통의 맛을 느껴볼 수 있는 곳이기도 하다. 깨소금, 쑥갓, 다진 생마늘을 고명처럼 얹은 시원한 멸치 육수의 손칼국수와 달짝지근하면서도 매콤한 비빔 손칼국수에 김밥을 곁들이면 금상첨화다.

A. 부산시 부산진구 서면로 56

T. 051-806-6832

O. 09:00-22:00(명절 휴무)

P. 인근 유료 주차장 이용

FUSION

## 말란드로의 테이블

보수동 책방골목의 끄트머리, 작은 식당이 있다. 뜨거운 고무처럼 유연해서 무엇으로든 변할 수 있고 어떤 것이든 할 수 있는 사람을 뜻하는 브라질인들의 특별한 언어, 바로 말란드로의 뜻이다. 그때그때 다른 메뉴로 손님들의 입맛을 충족시켜주는 캐쥬얼한 다국적 가정식집이다.

A. 부산시 중구 법수길 17

H. facebook.com/malandrosj

O. 12:00-20:30, 브레이크타임 15:00-17:00(일 휴무)

P. 인근 유료 주차장 이용 가능

CAFE

## 모토커피

해운대로 가는 길목, 외지 사람들에게 망미동이라는 지명은 낯설게 느껴질 것이다. 가게의 로고마저 눈길을 뗄 수 없게 만드는 모토커피는 누구에게도 방해받지 않을 것 같은 공간과 분위기에 맞는 다양한 서적들을 보유하고 있다. 투박하더라도 자연적인 재료를 사용해 커피와 디저트를 낸다.

A. 부산시 수영구 과정로 16 1층

T. 051-753-7536

O. 11:00-23:00(일, 월 휴무)

P. 가게 앞 주차장 10대 수용 가능

TRADITION

## 할매집

길게 늘어선 타원형의 식탁이 마치 일본에 온 듯한 착각을 안겨 주는 곳, 남포동 할매집이다. 주문과 동시에 만들어지는 회국수는 기호에 맞게 순한 맛, 매운 맛의 양념장을 더 가미해서 먹을 수 있다. 김초밥을 곁들인다면 할매집 회국수 특유의 감칠맛을 느낄 수 있다.

A. 부산시 중구 남포길 25-3

T. 051-246-4741

O. 10:00-22:00(연중무휴)

P. 인근 유료 주차장 이용 가능

FUSION

## 스완양분식

범일동 매축지마을에 위치한 돈가스 전문점인 스완양분식은 영화 〈아저씨〉에서 원빈이 지내던 전당포 건물 1층에 있는 가게다. 식전 수프와 샐러드를 먹고 나면 정겹고 맛있는 돈가스 한 상을 내어준다. 어릴 적 먹던 경양식의 추억을 소환하기에 가장 이상적이고도 현실적인 곳이다.

A. 부산시 동구 성남이로 22

T. 051-634-2846

O. 11:30-20:00, 브레이크타임 15:00-17:00(일 휴무)

P. 인근 유료 주차장 이용

CAFE

## 코버트

서면 부전시장에 자리한 카페 코버트. 통유리의 3층 건물이 가장 먼저 시선을 강탈한다. 건물의 외관부터 화장실의 인테리어까지 어느 한 곳도 허투루하지 않은 공간이다. 층마다 다른 분위기를 자아내므로 개인의 취향에 맞게끔 자리 선정을 하는 것도 공간을 온전히 즐기는 방법.

A. 부산시 부산진구 중앙대로 749

T. 010-4943-8986

O. 09:00-23:00

P. 인근 유료 주차장 이용

RESTAURANT

## 카마타케제면소

흔히들 먹는 우동을 생각했다면 큰 오산이다. 국물 없는 우동을 전문으로 하는 카마타케제면소에는 어묵튀김, 반숙달걀튀김, 무즙, 파 등을 특제 쯔유로 비벼 먹는 치쿠텐 붓카케우동을 맛볼 수 있다. 바닥에 뿌려진 소스와 우동면이 잘 섞이도록 야무지게 비벼서 먹으면 끝.

A. 부산시 중구 비프광장로 31-1

T. 051-248-0859

O. 11:30-22:00, 브레이크타임 15:00-17:00

P. 인근 유료 주차장 이용 가능

CAFE

## 에프엠 커피 스트리트

작은 가게만이 가질 수 있는 특별한 매력, 에프엠 커피 스트리트가 가지고 있는 장점이다. 콜드 브루에 생크림을 넣은 '투모로우'는 생크림이 스멀스멀 내려오는 모습이 아름답다. 생크림이 컵의 바닥에 당도하기 전에 생크림과 커피를 함께 즐기면 더욱 맛있게 먹을 수 있다.

A. 부산시 부산진구 서전로 35

T. 070-4643-2666

O. 평일 11:00-19:00, 주말 12:00-20:00

P. 인근 유료 주차장 이용 가능

RESTAURANT

## 콕타이

해운대 이마트 근처 건물 사이에 숨어있는 콕타이는 맛있는 음식 맛만큼이나 예쁜 부부가 운영하는 태국 음식점이다. 잘게 부서진 땅콩을 뿌린 고소한 팟타이와 강한 부드러움을 가진 그린 커리가 대표 메뉴. 태국 맥주 창을 곁들이면 해운대인지 태국의 휴양지인 모를 착각에 빠지게 될지도 모른다.

A. 부산시 해운대구 해운대해변로357번길 6 1층

T. 051-743-0700

O. 10:00-22:00

P. 가게 앞 1-2대 주차 가능

04

# Seaside Street

## INTERVIEW

서미희

예수환

## THEME STREET

송정해수욕장

기장 해안도로

이기대 해안산책로

## THEME PLACE

바다를 품은 공간

## 바다를 품은 거리

해수욕장과 풍성한 해산물만이 부산의 바다를 지칭하지는 않는다. 부산의 바다는 삶의 터전인 동시에 가장 가까이 존재하는 휴식처다. 해안산책로와 도로에는 걸어서, 자전거로, 자동차로 즐기는 사람들이, 파도 위에는 바다의 흐름을 타는 서퍼들이 있다.

**서미희·예수환**

송정서핑학교 대표
서핑 선수

# An Unexpected Experience in Surfing

바다 안에서만 느낄 수 있는 순수한 배움, 서핑을 만나다

"송정만큼 초보자가 서핑 교육을 받기에 좋은 곳이 없어요. 그리고 아름답죠.
매일 송정 바다를 바라보고 서핑을 즐길 수 있는 것을 감사하고 있어요."

**두 분은 어떻게 서핑을 시작하게 되었나요?**

서미희 | 저는 30년 전에 윈드서핑을 했어요. 송정에서 윈드서핑숍을 하며 교육했는데, 송정이 윈드서핑을 하기에 좋지 않더라고요. 그런 고민을 하던 어느 날, 한 사람이 서핑 보드를 들고 오더니 바다로 쑥 들어가는 거예요. '와! 송정에서도 서핑이 되는구나.' 평생 미친 듯이 하고 싶은 것을 찾아 헤매던 때라 바로 달려가서 그 사람과 얘기를 나누었죠. 순식간에 마음을 바꿔서 윈드서핑을 그만두고 서핑을 시작했어요. 처음 3년은 독학으로 아침부터 밤까지 서핑만 하느라 아이들도 친정에 맡겨둘 정도였어요. 서핑이 흔치 않은 때였기에 지도자를 키워야겠다는 생각을 한 후론 외국에서 보드를 사와서 무료로 가르쳤어요. 그때 제게 배운 친구들이 또 다른 사람을 가르칠 때쯤이 되니 서핑하는 사람들이 제법 생겼더라고요. 거의 20년동안 숍을 닫아본 적이 없어요.

예수환 | 제 경우엔 평범하게 서핑을 접했어요. 친한 형이 자꾸 서핑을 하러 오라고 말하기에 그냥 한 번 가봤어요. 별 생각 없이 파도를 한번 타봤는데, 아무런 동력 없이 파도면을 타고 해변까지 쭉 나가더라고요. 충격적이었어요. '어떻게 이게 가능하지?' 신기하고 재미있었어요. 생전 처음 느끼는 감정이었죠. 그땐 파도만 보면서 파도를 타는 즐거움을 느꼈어요. 그런데 시간이 흐를수록 다른 것이 보이기 시작하더라고요. 수평선이 보이고, 갈매기 소리도 들리고, 하늘도 보였어요. 바다가, 자연이 주는 수많은 것을 느끼고 나니 제가 평소에 행복이라 느끼던 것에서 시선이 다른 쪽으로 가더라고요. 인간과 자연이 만났을 때의 순수한 행복감을 알게 되었죠.

BARREL

**저는 서핑에 대해선 문외한인데, 얘기를 듣고 보니 송정의 바다가 서핑을 하기에 좋은 곳인 것 같아요. 어떤 점이 다른 바다와 다른 것인가요?**

서미희 | 송정 바다에는 다양한 바람이 불어와요. 가을에는 북동풍이 지나가고 봄여름에는 남서풍이 지나죠. 파도가 남과 동의 반반씩, 그러니까 끊임없이 파도가 들어오는 위치에 있어요. 해운대는 해변이 깊어요. 동해도 마찬가지고요. 서핑 교육을 하기에 안정감이 떨어지죠. 송정만큼 초보자가 서핑 교육을 받기에 좋은 곳이 없어요. 그리고 아름답죠. 매일 송정 바다를 바라보고 서핑을 즐길 수 있는 것을 감사하고 있어요.

**초보자에게 송정 바다가 좋다고 하셨는데, 그렇다면 잘 타는 서퍼에겐 다른 바다가 좋을까요? 부산 바다 중에 서핑을 즐기기에 좋은 곳이 또 있는지 궁금하네요.**

서미희 | 대부분 서퍼들에겐 송정이 가장 좋은 곳이에요. 송정을 본거지로 삼고 바람에 따라 다른 곳으로 원정을 나가는 편이 좋죠. 남서풍이 불 땐 해운대의 파라다이스호텔 앞으로 나가곤 해요. 북동풍이 거칠 때는 광안리도 괜찮죠. 송정을 제외한 다른 곳은 투어 지역이지 서핑학교나 서핑숍을 하기엔 역부족이에요.

예수환 | 저는 부산에서 서핑을 즐기는 매력에 대해 얘기하고 싶어요. 서핑을 할 수 있는 포인트와 도시가 같이 있는 곳이 한국에 거의 없어요. 부산이 유일하다고 보시면 돼요. 낮에는 서핑하고 놀고, 밤에는 도시의 즐거움을 즐길 수 있잖아요. 마린시티만 가도 홍콩에 온 것 같고, 조금만 좋은 식당에 가도 멋진 뷰를 즐길 수 있고요. 바다를 보며 사우나를 즐길 수 있는 곳도 있죠.

**두 분 다 서핑 얘기를 너무 즐겁게 하고 있어요. 서핑을 좋아하고 있는 게 느껴지는데, 혹시 서핑이 알려준 새로운 감각이 있을까요?**

예수환 | 처음에는 서핑의 역동적임에 매료가 되었어요. 시간이 흐르고 자연에 익숙해지면서 삶을 대하는 새로운 태도를 배우게 됐어요. 일상생활에서는 핸드폰이나 티브이 같은 기계에 맞닿아있잖아요. 바다에 들어갈 땐 그런 것을 갖고 들어갈 수가 없어요. 어떤 것이 차단된 상태로 바다를 보고 있으면 순수한 자신과 만나게 되는 것 같아요. 최근 저희 누나가 이런 얘길 해줬어요. "하루에 한 시간이라도 자신과 대화할 수 있는 시간이 필요하다." 서핑을 하러 바다에 들어가면 파도를 기다려야 하거든요. 기다리는 시간 동안 만나게 되는 것들이 많아요. 파도를 타서 느끼는 역동적인 즐거움도 있지만, 그 파도를 기다리는 동안 많은 감각을 깨울 수 있죠. 바다 안에서만 느낄 수 있는 순수한 배움이 있는 것 같아요.

**듣다 보니 서핑은 하나의 스포츠 종목이지만 어떤 면에선 삶의 지혜를 알려주기도 하는 것 같네요. 삶과 밀접하게 연결되어있는 것 같고요.**

서미희 | 삶이죠. 서핑은 삶이에요. 전 세계가 서핑에 열광하거든요. 왜일까요? 이것은 해보지 않은 사람들에겐 아무리 설명해도 설득이 안 돼요. 타본 사람들만이 아는 거죠.

예수환 | 정말 그래요. 저는 서핑을 하기 전과 후로 삶이 나뉘는 것 같거든요. 한국엔 고질적인 문제가 있잖아요. 대학을 가고, 취직을 하고, 집을 사야 하고 그런 것들이 너무 정형화되어있다 보니 다른 것을 보기가 어려워요. 짜인 틀을 벗어나는 게 쉽지 않죠. 지금 제가 지켜야 할 신념과 가

치관이 있다면, 서핑을 처음 시작했을 때의 감동을 잊지 않는 거예요. 행복이 무엇인지, 내 삶이 무엇인지를 의식하며 살아가는 것이요.

**친구가 지난겨울에 서핑을 하러 간다고 하더라고요. "겨울인데?"라고 물었더니 서핑은 사계절 스포츠라고 말해줬어요. 이런 것처럼 서핑을 잘 모르는 사람들에겐 서핑을 둘러싼 오해가 조금 있는 것 같아요.**

서미희 | 겨울엔 기온이 낮잖아요. 오히려 물속이 따듯해요. 그리고 서핑 수트가 얼마나 과학적이고 좋은지, 수트를 입으면 겨울에도 끄떡없죠.

예수환 | 그런 분들이 있어요. "한국에서 무슨 서핑을 하냐. 발리나 호주로 가야지."라고 하는데, 사실 저는 모든 실력을 한국에서 키웠거든요. 설레는 마음으로 외국에 나가서 서핑을 하는 것도 좋지만, 한국에서도 서핑이 가능해요. 초보자에겐 더없이 좋은 파도가 치고요. 살고 있는 곳에서 좋아하는 바다를 찾는 것도 중요한 부분이에요.

**그럼 이제 막 시작하려는 사람들에게 조언을 해줄 수 있을까요?**

예수환 | 파도를 타는 지역 사람들을 '로컬'이라고 부르는데 그들에게 인사하는 걸 잊지 않고 교류하는 편이 좋아요. "제가 이제 서핑을 할 건데, 혹시 위험하지 않은지 지켜봐 주세요."라는 메시지를 전하는 거죠. 인사 한 번 전한 사람이 생명의 은인이 될 수도 있어요. 꾸준히 사람들과 교류하면서 서핑을 해나가면 좋을 것 같아요.

서미희 | 인생에 '핫'한 것이 있을까 고민하는 분들에게 서핑만 한 것이 없어요. 많은 여자 분들이 햇빛 때문에 서핑을 두려워하시는데, 요즘 선크림이 너무 좋거든요. 또한 등 근육과 어깨가 발달하면서 아름다운 몸매가 되죠. 밖에서 활동을 하다 보니 자신에게 자신감이 생기고 눈빛도 아름다워지고요. 땅에서는 넘어지면 상처가 생기는데 바다에선 상처가 없거든요. 그러니까 두려워하지 말고 천천히 배워나가면 좋겠네요.

# The Surfer's Choice

송정에 처음 오는 사람에게 추천하는 세 가지 공간

LIFESTYLE **MINOSSURF 미노스서프**

서핑 문화를 보다 대중들에게 발 빠르게 소개하는 공간. 미노스서프는 재미있는 일을 조금 더 대중들에게 알리고 싶고 공유하고 싶어서 시작된 가게다. 서프숍과 강습을 병행해 서핑 문화의 선순환고리를 만드는 것이 주인의 목표다.

A. 부산시 해운대구 송정광어골로 29
T. 051-731-5186
O. 11:00-21:00
P. 가게 앞 주차 가능

CULTURAL SPACE **PORT 1902 포트1902**

항구라는 의미와 안식처라는 뜻을 내포한 PORT, 한국에서 대중에게 커피를 처음 판매한 해인 1902가 더해져 멋스러운 건물이 탄생됐다. 잔디가 깔린 1층 야외 테라스의 풀&스파 존에서는 이색적인 풀파티를, 탁 트인 전망의 루프탑에서는 한낮의 태닝을 즐길 수 있다.

A. 부산시 해운대구 송정구덕포길 170-5
T. 051-704-1902
O. 11:00-25:00
P. 가게 앞 주차 가능

ACTIVITY **SONGJUNG SURFSCHOOL 송정서핑학교**

송정서핑학교는 부산 서핑의 시초라고 해도 과언이 아니다. 사설 해양구조 시스템 운영은 물론, 일반인 강습을 위주로 진행한다. 서핑 강습은 3월부터 12월까지 진행하며, 강습 시간은 2시간의 수업과 1시간의 자유 서핑까지 총 3시간이다.

A. 부산시 해운대구 송정해변로 54
T. 051-704-0664
O. 평일 08:30-19:30, 주말 08:00-20:00(연중무휴)
P. 가게 앞 주차 가능

# THEME STREET

THEME STREET ◦ BUSAN ◦

색다른 바다를 즐길 수 있는 거리

부산은 조금만 발걸음을 부지런히 옮기면 바다에 닿을 수 있는 도시다. 어디에서 어떻게 어떤 바다를 찾느냐에 따라 즐기는 방식도 제각기 다르다. 다양한 부산 바다를 만날 수 있는 거리를 소개한다.

송정해수욕장

**핫 플레이스가 대거 이주 중인**
**새로운 바다 명소**

송정의 풍경이라는 것이 있다면 다소 이국적으로 느껴질 수 있는 서퍼들의 모습과 새학기가 시작되는 매년 3월, 삼삼오오 모여드는 부산의 대학생일 것이다. 여름이 되기 전부터 해수욕장의 역할을 일찌감치 시작하는 곳이라 대학생들은 백사장에서 피구를 하기도 하고, 인근의 민박집에서 밤새 술고래가 되기도 한다. 최근 센텀시티에서 해운대로, 해운대에서 송정과 기장으로 핫 플레이스들이 대거 이주 중이다. 마천루의 방해 없이 수평선을 바라볼 수 있는 카페와 최상의 재료를 사용한 소신 있는 맛집, 생활이 곧 서핑인 열정 가득한 서퍼들까지 그야말로 생생한 부산의 일상을 만나볼 수 있다.

기장 해안도로

**하늘과 바람과 바다와 사람,**
**가장 부산스러운 해안도로**

제주공항 인근에 장애물 없이 바다를 볼 수 있는 카페거리가 있다면 부산의 끝 기장에는 사람 냄새가 물씬 나는 바다와 해안도로가 있다. 거친 바닷가의 외형과는 달리 지역 주민들의 소박한 삶이 고스란히 반영되어있는 기장 해안도로는 동해의 해안도로와도 많이 닮았다.

부산을 세 번 찾았다면 이제 이기대에 와도 좋다. 해운대와 광안리를 충분히 즐기고 부산의 새로운 바다를 찾는 이들에게 이기대는 판타지와 로망을 동시에 충족해줄 수 있는 공간이 될 수 있을 것이다. 그러나 매서운 바닷바람을 주의해야 할 것, 동서남북에서 불어오는 바람을 막아줄 외투를 챙기는 것이 좋다.

이기대 해안산책로

**걸어서 갈 수 있는**
**가깝고 드라마틱한 바다**

# Theme Place

낮에는 역동적인 스포츠를, 밤에는 도시의 화려함을 즐길 수 있는 바다 근처의 매력적인 장소를 소개한다.

ACTIVITY

## 수영만 요트경기장

광안리와 해운대 사이에 위치하고 있는 수영만 요트경기장은 1986년 건립되어 86 아시안게임과 88 올림픽 경기를 개최하기도 했다. 최근에는 각종 요트 대회가 열리고 있으며, 선수 훈련과 요트학교, 윈드서핑학교, 잠수학교 등을 운영하고 있다. 정박된 요트들이 만든 아름다운 풍경과 멀리 보이는 광안대교의 모습까지 즐길 수 있다.

A. 부산시 해운대구 해운대해변로 84

T. 051-741-6440

H. stadium.busan.go.kr

P. 요트경기장 공영 주차장 이용

WALK

## 동해남부선 폐선부지

해운대 미포에서 철도를 따라 들어서면 고즈넉한 향수를 불러일으키는 동해남부선 폐선부지 9.8킬로미터가 펼쳐진다. 고즈넉한 분위기의 폐선부지는 셀카봉으로 사진을 찍는 여고생들, 묵묵하게 같은 길을 걷는 중년 부부, 철길을 사이에 두고 웨딩 촬영을 하는 예비 부부까지 여러 용도로 시민들에게 열려있다.

A. 미포 건널목~청사포 새길~구 송정역 구간

P. 문탠로드 공영 주차장 이용

ACTIVITY

## 더베이101 제트보트

해운대에 위치한 더베이101은 해양 레저 시설, 휴식 공간, 외식 공간이 총망라된 복합 문화 시설이다. 제트보트는 이름과 걸맞게 최고 속도는 시속 100킬로미터로 360도 회전이 가능하다. 탑승 시간은 15~20분 남짓, 5만 원의 비용으로 익사이팅 해양 스포츠에 입문해보자.

A. 부산시 해운대구 동백로 52

T. 051-726-8888

O. 10:00-24:00(연중휴무)

P. 더베이101 주차장 이용 가능

STAY

## 힐스파

달맞이길의 베스타가 힐스파로 재탄생했다. 건물 2층에는 피트니스 센터와 카페가, 5층에는 휴게실과 노천 족욕탕이 마련되어있어 탁 트인 해운대 전망을 보며 족욕을 즐길 수 있다. 성인 주중 12,000원(주말 15,000원)이며, 아동은 주중 8,000원(주말 11,000원)으로 이용할 수 있다.

A. 부산시 해운대구 달맞이길117번길 17-7

T. 051-743-5705

O. 24시간 이용

P. 힐스파 전용 주차장&주차 타워 이용 가능

TRADITION

## 민락어민활어 직판장

주차 타워의 어부 벽화가 멀리서도 눈에 띄는 곳, 민락어민활어 직판장에는 200여 개의 횟집이 즐비하게 늘어서 있다. 1층에서 구매한 갓 잡은 생선은 2층에 있는 횟집 또는 직판장 앞쪽에 있는 포장마차에서 상차림 비용만 지불하면 그 자리에서 신선한 부산의 회를 제대로 맛볼 수 있다.

A. 부산시 수영구 광안해변로312번길 60

T. 051-753-0200

O. 06:00-23:00

P. 회센터 이용 고객 2시간 무료 주차

WALK

## 송도 스카이워크

부산 최초의 해수욕장인 송도에 스카이워크가 들어섰다. 바다 위를 걷는 기분은 송도 스카이워크에서 맛볼 수 있는 이색적인 즐거움이다. 스카이워크는 강화유리를 사용해 만들어 발 아래로 출렁이는 파도를 느낄 수 있다. 송도에서 색다른 방식으로 바다를 산책해보자.

A. 부산시 서구 감천로 송도 스카이워크

P. 해수욕장 공영 주차장 이용 가능

TRADITION

## 연화리 전복죽

기장 연화리에는 전복죽 포장마차촌과 전복죽을 전문으로 파는 가게들이 줄지어있다. 모든 가게의 전복죽 가격은 1인분에 만 원, 해산물은 때마다 다른 편이다. 도심에서는 맛볼 수 없는 큰 전복이 아름다운 자태를 뽐내고, 눈앞에는 기장 바다가 있으니 더할 나위 없이 행복한 신선놀음이 아닐까.

A. 부산시 기장군 기장읍 연화1길

P. 인근 유·무료 주차장 이용 가능

RESTAURANT

## 하이

하와이에 가지 않아도 하와이의 음식을 먹을 수 있는 곳이 있다. 송정 하이의 대표 메뉴인 하와이 쉬림프는 새우를 마늘과 함께 볶아 밥과 먹는 하와이 로컬푸드로 이곳에 왔다면 꼭 먹어보아야 할 시그니처 메뉴다. 파인애플 하나를 통째로 간 파인애플 주스까지 마신다면 더할 나위 없다.

A. 부산시 해운대구 송정중앙로6번길 184

T. 010-8783-0175

O. 평일 10:30-24:00, 주말 10:30-02:00

P. 가게 앞 5대 주차 가능

RESTAURANT

## 송정집

송정집에서는 자가제면 국수와 자가도정한 밥을 맛볼 수 있다. 입소문이 퍼진 탓에 웨이팅은 필수다. 각 테이블마다 비치된 따뜻하고 구수한 현미차는 식욕을 돋운다. 가위로 잘라 먹는 송정생김밥(2,800원)은 송정집의 별미. 물국수(4,000원)와 비빔국수(5,000원)도 저렴한 가격에 즐길 수 있다.

A. 부산시 해운대구 송정광어골로 59

T. 051-704-0577

O. 12:00-21:00

P. 가게 앞 주차 공간 이용

NIGHTLIFE

## 슬로우 펍

이름 그대로 모든 것이 천천히 흘러가는 슬로우 펍. 간혹 외국인 손님들이 와서 주인과 간단한 안부를 묻고 시원한 맥주를 한잔 들이켜고 가게를 나서는 모습이 이국적으로 느껴지기도 한다. 주인은 모던락밴드 '마이 앤트 메리'의 드러머로 활동하다가 달맞이길에 터를 잡고 펍을 운영 중이다.

A. 부산시 해운대구 좌동순환로 443

T. 051-743-0420

O. 19:00-02:00(일 휴무)

P. 상가 주차장 이용 가능

CAFE

## 제이엠커피컴퍼니

커피 제조를 비롯해 유통과 컨설팅까지 담당하는 제이엠커피는 기장해변로에 직영 로스팅하우스 '제이엠커피컴퍼니'를 오픈해 공장형 카페를 열었다. 해수욕장과 해동 용궁사 사이에 있는 기장점은 큰 규모를 자랑하는 것은 물론, 넓직한 바에서 커피가 만들어지는 과정을 지켜볼 수 있는 곳이다.

A. 부산시 기장군 기장읍 기장해안로 44

T. 051-583-5498

O. 10:00-23:00

P. 가게 앞 주차장 이용 가능

RESTAURANT

## 골목분식

영도 맛집이라면 일명 라면집이라 불리는 골목분식을 빼고 이야기할 수 없다. 영도 부산체육고등학교 맞은편 골목길 어귀에서 30여 년간 그 자리를 지키고 있다. 메뉴판에는 없지만 특특대 라면도 가능하다는 사장님의 귀띔. 식사 후 흰여울 문화마을 절영산책로를 걷는 코스를 추천한다.

A. 부산시 영도구 중리북로22번길 12

O. 주인 아저씨의 마음대로

05

# Movie Street

## INTERVIEW

김인권

김태용

## THEME STREET

해운대 영화의 거리

흰여울문화마을 절영산책로

청사포

## THEME PLACE

영화를 담은 공간

## 영화가 피어나는 거리

부산은 자연스럽게 '영화의 도시'라는 이름이 붙는 도시다. 그건 수많은 영화의 촬영지이자 세계적인 영화제가 열리는 이유이기도 하지만, 거리 곳곳마다 눈길을 멈추게 되는 영화적 배경을 갖고 있어서이기도 하다. 현재와 과거가 멋스럽게 공존하는 부산의 거리를 누볐다.

김인권

영화배우

# An Actor's Roots in a City That Embraces Art

유년을 품고 예술을 키운 광안리에서 배우 김인권을 만나다

"바다에는 인간의 본성을 자극하는 무언가가 있는 것 같아요.
다른 대도시가 규칙과 질서로 가득한 곳이라면, 부산의 해변가는 자유와 여유가 있죠.
사람들이 마음을 편하게 풀어낼 수 있잖아요. 예술과 잘 어울리는 곳이에요."

**부산에 대한 기억이 많을 것 같은데, 어릴 적 부산은 어떻게 남아있나요?**

어릴 때부터 경제적인 어려움을 겪어서 서울에 계시는 외할머니 손에서 자랐어요. 그러다가 네 살 즈음에 가족들이 다시 모여서 함께 살 수 있었어요. 그게 부산 광안리였죠. 가족들과 단란하게 살던 온전한 시간이 그때예요. 제 인생에서 가장 행복한 시간이었어요. 한 6년 정도 지내다 사정이 여의치 않아서 할머니 댁으로 돌아갔어요. 한창 자아가 형성될 시기였기 때문에, 유년기 시절에 분리에 관한 두려움이 조금 있던 것 같아요. 그래서 제 기억 속의 부산은 '광안리' 그 자체예요. 집에서 튜브를 끼고 바로 바닷가로 나가서 수영을 하고, 방과후에 방파제에서 뛰어다니면서 놀기도 했어요.

**각 지역마다 나름의 정서가 있어요. '서울의 달'이라는 노래에도 서울 생활 특유의 애환이 있잖아요. 김인권 씨에게 부산은 어떤 정서가 묻어나는 곳일지 궁금해요.**

저는 가족들과 떨어져 자랐으니, 부산에서 지낸 6년이라는 시간은 가족들이 함께 오순도순 살던 유일한 시절을 의미하죠. 어머니께서는 제가 고1 때 돌아가셨어요. 그래서 그런지 부산 하면 '모성'이 떠올라요. 대학교 1, 2학년 때 연극영화과에서 연극을 준비하면서 무대를 직접 만들었어요. 육체적으로 너무 힘들어서 학교 규율을 어기고 도망갔죠. 자전거를 타고 부산으로 향했는데 꼬박 일주일이 걸리더라고요. 저에게 부산은 안락하고 따뜻한 모성이 느껴져서 힘들 때면 찾아가는 곳이에요.

**그러한 부산의 정서가 김인권 씨의 연기 인생에도 영향을 끼쳤을까요?**

그럼요. 부산에 가면 어릴 적 저의 동심을 찾을 수 있어요. 제가 놀던 추억이 광안리 곳곳에 묻어있으니까요. 비 오는 날에는 놀이터에 강을 내서 놀기도 하고, 웅덩이에 발을 씻기도 했어요. 제가 살던 209동 아파트는 주황색이었어요. 그래서 한동안 제가 제일 좋아한 색깔이 주황색이었죠. 그런 추억들이 있는 곳이에요, 부산은.

**연기를 하는 것은 그 사람의 삶을 살아가는 것과 같다고 하죠. 그만큼 극중 인물에게 몰입을 해야 하는데, 연기를 준비하는 자신만의 방법이 있나요?**

98년에 영화 〈송어〉로 데뷔한 뒤로 돌이켜 보면 어떤 배역을 맡는 데에 특정한 접근 방식이 따로 정해져 있는 게 아니라 자연스럽게 이입한 것 같아요. 정확하게 표현하기가 애매한데요, 외모나 어투, 인물이 가지고 있는 지식, 그리고 사소한 소품까지 제가 받아들일 수 있는 대로 받아들이는 거예요. 그 인물과 비슷한 사람에 대해 생각해보거나, 대사를 저의 방식으로 바꿔보면서요. 이 캐릭터가 살아있게끔, 관객들에게는 완벽한 거짓말을 할 수 있게 노력하는 거죠. 극도의 진심이 극도의 거짓말과 맞닿아있어요. 배우는 연기를 할 때 자기의 진심을 다하지만, 사실 그 모든 것은 거짓인 거예요. 극도의 진심이 완벽한 거짓이 되죠.

**실제로 부산 출신의 배우들이 굉장히 많잖아요. 같은 지역 출신이라는 유대감으로 더욱 가깝게 친해질 수 있었을 것 같아요.**

그럼요. 부산 출신의 영화인들이 정말 많아요. 함께 있으면

저절로 사투리를 쓰게 돼요. 부산에 대한 애정이 커서 함께 의리로 뭉치는 성향이 있어요. 영화 〈해운대〉의 경우, 당시 참여한 스태프의 70퍼센트 이상이 부산 출신이라는 말도 있었어요. 아무래도 그 지역을 잘 알아야 하는 부분도 있으니까요. 그렇게 3개월 동안 부산에서 촬영했어요. 함께 출연한 많은 연기자 선배님, 후배들과 함께 장산을 오르기도 하고 다양한 맛집에 갔어요. 사직구장에서 콩국수도 먹고요. 소소한 것들을 함께 많이 누렸죠. 부산영화제 기간에는 횟집 돌아다니면서 5차씩 먹었다니까요(웃음).

**유난히 부산을 배경으로 한 영화가 많아요. 〈친구〉를 시작으로 〈해운대〉, 〈국제시장〉, 〈변호인〉, 〈범죄와의 전쟁〉 그리고 다양한 독립영화들이 부산으로 향하고 있어요. 한국 영화사에 있어서 부산은 어떤 역할을 하고 있기에 부산이 이토록 사랑받는 걸까요?**

'할리우드'는 LA의 해변가에 있잖아요. '깐느'도 해변에 있고요. 바다에는 인간의 본성을 자극하는 무언가가 있는 것 같아요. 순수한 사람들의 마음을 건드리죠. 다른 대도시가 규칙과 질서로 가득한 곳이라면, 부산의 바닷가는 자유와 여유가 있죠. 사람들이 마음을 편하게 풀어낼 수 있잖아요. 예술과 잘 어울리는 곳이에요.

**그동안 코믹한 역을 많이 해오신 것 같아요. 요즘에는 다들 멋지고 인상 깊은 역을 맡고 싶어하는데, 코믹한 역을 맡을 때 자신만의 철학이 있나요?**

오히려 저는 그런 쪽을 좋아해요. 사람들이 박장대소하면서 해방감을 느끼는 순간이요. 사람들은 보통 사회적 질서를 지키고 살잖아요. 가끔씩 자신의 권위에 대해서 답답함

을 느끼는 때가 있을 것 같아요. 그런데 코미디언은 그런 것을 깨뜨리는 작업을 하죠. 제가 맡은 역은 대부분 웃음을 유발하는 인물이었어요. '정극'에서는 제가 감초가 될 수 있지만, '코미디 영화'에서는 또 애환이 느껴지는 인물이 될 수 있겠죠. 사실 저는 평소에 예민하고 유달리 감성적이지는 않아요. 하지만 인물을 객관적으로 분석하려고 노력을 많이 하죠. 사람들에게 연기를 하고 있다는 것을 들키지 않기 위해서 치밀하게 관찰하고 섬세하게 다뤄요.

**영화를 사랑해서 부산으로 떠나는 사람들에게 추천하고 싶은 거리가 있을 것 같아요.**

송정 뒤에 돌담길이요. 옛 바닷가의 정취가 남아있거든요. 제가 그리워하던 광안리의 느낌이 송정이랑 조금 비슷해요. 순수하고 고요하거든요. 그리고 송정에는 아름다운 골목이 많아요. 그런 풍경을 굉장히 좋아해요.

**부산에서 김인권 씨처럼 신 스틸러 배우를 꿈꾸는 사람들에게 해주고 싶은 응원의 말이 있나요?**

부산의 정서가 영화 작업에 있어 굉장히 매력적인 것 같아요. 분명히 앞으로도 그런 정서를 가진 것이 연기를 하는 데 도움이 될 거라고 생각해요. 스스로 자부심을 느껴도 좋아요. 저 또한 부산만의 정서를 통해서 많은 것을 얻었거든요.

# The Actor's Choice

부산 영화를 즐길 수 있는 세 가지 공간

CULTURAL SPACE **BUSAN CINEMA CENTER 영화의전당**

영화도시 '부산'의 랜드마크인 영화의전당은 지난 2011년 9월 29일 개관해 부산국제영화제의 전용관으로 이용되고 있다. 애칭으로는 순우리말인 두레(함께 모여)와 라움(즐거움)을 조합한 뜻인 '함께 모여 영화를 즐기는 자리'라는 뜻의 두레라움으로 불리기도 한다. 전시, 공연, 영화를 한 공간에서 즐길 수 있는 곳이다.

A. 부산시 해운대구 수영강변대로 120
T. 051-780-6000
O. 공간별로 상이함
P. 영화의전당 주차장 이용 가능

CULTURAL SPACE **GUKDO ART CINEMA 국도예술관**

언제 가도 그 자리를 지키고 있는 국도예술관, 조용하고 정감 가는 곳이다. 부산의 예술극장 명맥을 유지하고 있으며 남포동에서 자리를 옮겨 국내외 유수의 독립영화들을 상영하고 있다. 온라인 카페를 통해 일주일 간의 상영 시간표를 확인할 수 있다.

A. 부산시 남구 유엔평화로76번길 26 지하 1층
T. 051-245-5441
O. 영화 상영 시간에 따라 상이함
P. 인근 유료 주차장 이용

CULTURAL SPACE **CINEMATHEQUE BUSAN 시네마테크부산**

시네마테크부산은 수영만 요트경기장 내 인근의 단독 2층 건물에서 영화의전당 내로 자리를 옮겼다. 필름 및 영상 관련 자료들을 수집하고 보관하며, 영화에 관한 각종 정보 제공과 교육 프로그램 운영, 예술영화 정기 상영 등 영화 전문 인력 양성까지 맡는다.

A. 부산시 해운대구 수영강변대로 120(영화의전당 내)
T. 051-780-6080
O. 06:00-23:00
P. 영화의전당 주차장 사용 가능

김태용

영화감독

# Meet a Rising Film Director

영화의 항구에서 거인이 된 감독을 만나다

"부산국제영화제를 통해 발돋움한 감독들은 기회를 얻어 해외로 진출하기도 해요. 영화제가 큰 항구의 역할을 하고 있는 거죠."

**2014년 겨울 데뷔작 〈거인〉을 개봉한 후로 두 해가 정신없이 지나갔을 것 같은데, 그동안 어떻게 지냈나요?**

〈거인〉 개봉한 후엔 〈여교사〉라는 영화를 준비 중이에요. 작년 여름에 촬영하고 지금까지 후반 작업하고 있어요. 영화를 잊을 만할 즈음 시상식에 참석하기도 하고요. 2016년엔 스물아홉에서 서른으로 넘어가 삼십 대를 맞았죠.

**어릴 때부터 영화감독을 꿈꿨나요?**

저는 〈거인〉에 등장하는 영재처럼 신부님이 되려고 신학교 준비를 했어요. 그러다 동네에서 열린 부산국제영화제에서 우연히 다르덴 형제의 〈아들〉이라는 영화를 봤죠. 그걸 보고 막연하게 '영화를 만드는 사람이 돼야지.'라는 생각을 했어요. 추진력이 빠른 편이라 학교 방송부 선배들 도움을 받아서 처음 제 영화를 만들게 됐고, 자연스럽게 연극영화과에 가게 됐죠.

**부산국제영화제에서 〈거인〉을 선보이고 난 후에 여러 영화제에서 신인감독상을 받고 주목을 많이 받았어요. 감독님에게 부산국제영화제는 어떤 축제인가요?**

고등학교 선생님들이 저를 많이 도와주셨어요. 중간고사 끝나는 종이 울리면 운동장에 모여서 차 타고 영화제에 같이 가고 그랬죠. 〈아무도 모른다〉라는 영화를 본 것 같은데, 그 영화를 보고 제가 선생님께 "10년 안에 꼭 제가 만든 영화로 영화제에 오겠다."고 했죠. 그런데 그 말을 하고 딱 10년 되던 해에 〈거인〉으로 부산에 오게 된 거예요. 제가 주인공인 영재이던 시절을 옆에서 지켜봐 준 선생님들이 와서 영화를 보셨어요. 그런 점에서 남다른 것 같아요.

**자전적 이야기가 담긴 영화를 부산에서 상영하고 좋은 성과를 거뒀어요.**

그 시절을 함께한 사람들이 이 영화를 보러 올까 봐, 또 저를 찾아올까 봐 겁나고 두려운 마음도 있었어요. 동시에 찾아왔으면 좋겠다, 그래서 내가 이렇게 성장했다는 걸 봐줬으면 좋겠다, 하는 두 가지 마음이 있었어요. 저는 가족이

랑 연락하지 않고 지낸 지 오래됐는데, 동생이 몰래 와서 영화를 보고 갔더라고요.

**〈거인〉에 나오는 영재는 어떻게든 살아내고 싶어 하는 인물인데, 그런 캐릭터를 전면에 내세운 이유가 있나요?**

저는 기본적으로 자기 말에 속은 사람들에 대해 관심이 많아요. 〈거인〉에서도 "자기 말에 속지 말라."는 대사가 나와요. 어떤 한 가지 말을 믿고 갔는데, 그 말에 속아 자신을 오히려 파멸시키는 사람들이요. 〈거인〉의 영재도 '생존'에 몰두한 나머지 자기 말에 속아서 자기가 누려야 할 10대의 평범한 생활, 건강하고 맑은 모습들을 전혀 내비치지 못하잖아요. 준비 중인 〈여교사〉도 비정규직 여교사가 가진 열등감이라는 감정이 인간을 얼마나 파멸시키는지 말하는 영화예요.

**영화적 소재로도, 또 촬영지로도 자주 등장하는 도시가 부산이에요. 특별한 이유가 있다고 생각하나요?**

아무래도 '부산 사람들'이라는 인물의 특징 때문이 아닐까요? 정이 많고, 동네 사람들 혹은 주변 사람들에게 관심이 많고, 똘똘 연대하면서 사는 모습이 있거든요. 말투는 거친데 뒤에서 챙길 건 다 챙기는 스타일이죠. 그런 부산 사람들의 특징에 대해서 영화적으로 관심이 많은 것 같아요.

**부산에는 서울 못지않게 국도예술관, 부산영화촬영스튜디오 등 영화에 관련된 장소가 많아요. 특별히 추천해주고 싶은 곳이 있나요?**

영화에 관련된 웬만한 곳은 서울보다 더 잘 되어있는 것 같아요. 특히 '영화의전당'은 거의 일 년 내내 독립영화를 상영하는 좋은 곳이죠. 얼마 전 부산 최초 독립영화전용관인 '인디플러스 영화의전당'이 영화의전당 내부에 개관했고요.

**감독님이 부산에서 가장 좋아하는 길은 어딘가요?**

중앙동 중부경찰서에서 대청동으로 가는 가로수길을 좋아

© 영화 〈거인〉

해요. 부산 내려갈 때마다 거기에 숙소를 잡고 한 일주일 지내다 올 때도 있고요. 돈 벌면 거기에 월세방이라도 얻어서, 글 쓸 때 가끔 내려가서 있으면 좋겠다는 생각을 하죠.

**부산에 가면 빼먹지 않고 먹는 음식이 있나요?**

떡볶이와 튀김이 유명한 남포동 '행복을 만드는 집'은 어릴 때부터 지금까지 찾는 곳이에요. 추석에 사실 거기 오징어튀김 먹으러 내려갔거든요(웃음). 돼지국밥은 거친 스타일을 좋아해서 초량에 있는 '우리돼지국밥'이나 서면에 있는 '포항돼지국밥'에 자주 가죠.

**〈거인〉은 20대에서 10대를 바라보고 만든 영화인데, 30대에 들어서서 만들고 싶은 영화는 어떤 영화인가요?**

최근에 〈룸Room〉이라는 영화를 인상적으로 봤어요. 인간이 가진 저력, 가족이라는 매개체와 공동체의 저력에 관심이 생겼어요. 고난 앞에서 돈이나 물질로 벗어나는 것이 아니라 옆에 있는 사람과 사랑으로 이겨낼 수 있는 힘에 관한 휴먼드라마를 해보고 싶어요. 그래서 요즘 가족들이 나오는 예능을 저도 모르게 챙겨보고 있어요.

**다음 영화가 기대되네요. 부산국제영화제에서 또 감독님 영화를 볼 수 있으면 좋겠어요.**

부산국제영화제는 역사가 20년밖에 되지 않은 축제예요. 그럼에도 불구하고 이렇게까지 클 수 있었던 건, 한국을 대표하는 축제이고 아시아권 신인 감독들을 꾸준히 발굴해서 상영하는 영화제의 기능 덕분이라고 생각해요. 부산국제영화제를 통해 발돋움한 감독들은 기회를 얻어 해외로 진출하기도 해요. 영화제가 큰 항구의 역할을 하고 있는 거죠. 세계인들이 가장 놀라는 건 관객의 열정과 참여도가 이렇게까지 뜨거운 영화제는 없다는 거예요. 영화를 만든 사람과 이곳을 찾은 사람들이 만든 축제인 거죠. 저도 부산영화제를 통해 데뷔한 감독이니 다른 후배 감독들에게도 이런 길이 항상 필요하다고 생각해요.

# THEME STREET

THEME STREET ◦ BUSAN ◦

## 영화보다 영화 같은 거리

발길이 멈추는 곳에 눈을 사로잡는 풍경이 있다. 바다와 사람을 품은 곳, 영화 속 주인공의 한 시절을 담은 곳, 느리게 가는 시간이 흐르는 곳. 서로 다른 매력을 가진 길에서 각기 다른 영화가 피어난다.

해운대 영화의 거리

**영화와 배우, 관객이 만드는 축제의 현장**

부산에서 광안대교를 가장 아름답게 볼 수 있는 곳을 꼽으라고 한다면 주저 없이 해운대 영화의 거리를 택할 수 있다. 영화의 거리는 무엇보다 부산국제영화제가 열리면 낮부터 밤까지 가장 들썩이는 곳이다. '영화와 놀고 즐기기'를 주제로 산토리니 광장, 천만 관객을 동원한 영화 존, 애니메이션 존, 해운대를 배경으로 한 영화 〈해운대〉, 〈엽기적인 그녀〉, 〈친구〉의 포스터 존으로 꾸며졌다. 타일로 만들어진 영화 포스터도 구경거리다. 관측용 망원경이 설치되어 오륙도와 광안대교 등 부산 바다의 절경을 보다 실감나게 감상할 수 있으며, 밤에는 시민들을 위한 야간 경관 조명 덕에 낭만적인 야경이 펼쳐진다.

흰여울문화마을 절영산책로

**시간의 흔적을 그대로 간직한 영화 같은 마을**

난이도 상, 부산 관광의 고급 코스는 바로 영도다. 한국전쟁 이후 피난민들의 아픔과 시간의 흔적을 그대로 간직한 소박한 마을, 영도 흰여울문화마을은 바다를 품에 안고 걸을 수 있는 절영산책로로 유명하다. 길을 따라 걷다 보면 〈변호인〉, 〈범죄와의 전쟁〉 등 영화 촬영지를 만날 수 있다. 또한 흰여울길에 자리 잡은 몇 채의 집을 창작공간으로 탈바꿈해 부산 지역 예술가들에게 공간을 제공하며 문화예술 마을로서 가치를 높이고 있다.

청사포

**걷고 싶어지는 서정적인 바다 달맞이길 아래 작은 포구**

달맞이길과 송정해수욕장 중간에 누군가 일부러 숨겨놓은 듯한 작은 포구. 해안을 따라서 동해남부선 폐선부지가 이국적인 풍경을 만들어내기도 하지만, 청사포의 미역을 늘어놓고 파는 상인들의 모습이 정겹게 느껴지기도 한다. 영화 속 한 장면 같이 아름답고 조용한 바다마을이기에 부산 팔경으로 꼽힌다. 실제로 영화 〈파랑주의보〉의 촬영지이기도 하다. 조용하게 부산을 즐기고 싶다면 청사포가 정답이다.

# Theme Place

부산의 거리는 늘 영화를 상영한다. 거리에서 영화를 맛보고, 걷고, 느낄 수 있는 장소를 찾았다.

FESTIVAL

## 부산국제영화제

기아자동차가 후원하는 부산국제영화제는 명실상부 부산의 가장 큰 축제다. 영화의전당과 해운대의 극장에서는 매해 300편이 넘는 공식 초청작들이 상영되고, 파빌리온에서는 다채로운 행사들이 펼쳐진다. 매년 10월 해외 유수의 배우들과 감독이 참여하며, 신인 감독들의 등용문이 되기도 한다.

A. 부산시 일대

H. biff.kr

STREET FOOD

## 해운대 포장마차촌

해운대 그랜드호텔 맞은편, 밤이 되면 포장마차들이 불을 밝힌다. 따로 정해진 정기 휴일 없는 이 포장마차촌은 해운대의 명물이다. 포장마차치고는 꽤 비싼 가격이지만 맛이 보장되는 것은 물론, 해마다 열리는 부산국제영화제 때 우연히 톱스타들을 마주치는 행운의 장소이기도 하다.

A. 부산시 해운대구 해운대해변로 236

O. 해질녘부터 점포별로 상이함

P. 인근 유료 주차장 이용

WALK

## 아홉산 대나무숲

대나무의 향연이 펼쳐지는 곳, 울창한 대나무가 일품인 아홉산 대나무숲은 영화 〈군도〉와 〈대호〉의 촬영지로도 사용되었다. 그럼에도 널리 알려지지 않은 이유는 사유지이고, 보존을 위해 일반인들의 방문을 제한하기 때문이다. 다만 주말에는 홈페이지 또는 전화로 예약하면 방문할 수 있다.

A. 부산시 기장군 철마면 미동길 37-1

T. 051-721-9183

H. ahopsan.com

WALK

## 부산데파트

영화 〈도둑들〉에서 '마카오박' 김윤석이 아찔한 액션을 보이는 바로 그 장소가 부산데파트다. 1968년 짓고 1969년에 개장한 부산데파트는 시간의 흔적을 오롯이 담았지만 깔끔하고 정갈한 외간으로 독특한 분위기를 자아낸다. 올여름, 부산데파트 뒤 중앙동 일대에 길게 드리워져 있는 가로수길을 연인과 함께 걸어보자.

A. 부산시 중구 중앙대로 21

P. 인근 유료 주차장 이용 가능

RESTAURANT

## 화국반점

영화 〈범죄와의 전쟁〉, 〈신세계〉의 촬영지로 부산 시민들에게 명성을 얻고 있는 화국반점, 〈신세계〉에서 배우 황정민이 간짜장을 아주 맛있게 먹던 바로 그곳이다. 간짜장에는 부산의 인심을 입증하듯 달걀프라이가 아름다운 자태를 뽐낸다. 정통 중국집의 인테리어로 영화 촬영 장소로도 주목받고 있다.

A. 부산시 중구 백산길 3

T. 051-245-5305

O. 10:30-22:00(매월 첫째, 셋째 주 일요일 휴무)

P. 용두산 공영 주차장 이용 가능

RESTAURANT

## 장성향

부산역 맞은편 차이나타운은 중식당이 밀집된 곳이다. 영화 〈올드보이〉에서 배우 최민식이 주식으로 끝없이 먹던 군만두의 정체가 바로 장성향의 것. 5,000원이라는 저렴한 가격에 거짓말을 조금 보태서 손바닥만 한 크기의 군만두가 5개 제공된다. 배고픔에 허덕일 때는 요리와 만두를, 입가심이 필요하다면 군만두만 시켜도 만족할 수 있을 것이다.

A. 부산시 동구 대영로243번길 29

T. 051-467-4496

O. 12:00-22:00

P. 인근 유료 주차장 이용 가능

WALK

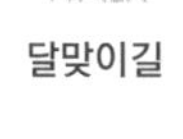

## 달맞이길

해운대해수욕장에서 송정해수욕장으로 이어지는 고갯길이 바로 달맞이길이다. 봄에는 흐드러지게 만개한 벚꽃을 만나볼 수 있고, 여름 장마철에는 마치 영화 〈해운대〉의 한 장면을 보는 듯 파도와 바람이 휘몰아치는 모습까지 만나볼 수 있다. 또한 시원한 전망을 자랑하는 카페와 갤러리, 레스토랑에서는 달맞이길만의 낭만적인 분위기를 만끽할 수 있다.

A. 부산시 해운대구 중2동 달맞이길

T. 051-749-5700(해운대 종합관광안내소)

CULTURAL SPACE

## 추리문학관

달맞이길의 추리문학관은 전 세계에서 유일무이한 추리문학 전문 도서관이다. 추리소설가 김성종이 1992년 25억 원의 사재를 털어 지하 1층, 지상 5층으로 세운 이곳은 전문 도서관으로 부산시에 등록되기도 했다. 입장료 5,000원을 내면 향긋한 차 한잔과 더불어 문학관을 자유로이 이용할 수 있다. 바닷가 언덕에서 즐기는 책, 매력적이지 않을 수 있을까?

A. 부산시 해운대구 달맞이길117번나길 111

T. 051-743-0480

O. 09:00-20:00(명절 휴관)

P. 문학관 앞 3대 주차 가능

06

# Local Brands

## INTERVIEW

여용기

## LOCAL BRAND

에레디토

삼진어묵

금정산성막걸리

구포 쫄깃국수

백구당

씨드

## 자신만의 길을 가는 부산 로컬 브랜드

오랫동안 자신의 일을 연마한 사람들을 장인이라고 한다. 그들의 행보는 수많은 사람이 이어갈 또 다른 길이 된다. 부산에는 오랜 시간 고집스럽게 자신의 길을 가는 장인이 있다. 전통을 재해석해 새로운 고전을 만들어 가는 젊은 이들도 있다. 그들이 만드는 부산 로컬 브랜드를 찾았다.

**여용기**

에레디토
테일러 마스터

# *Masterful Hands*

부산을 지켜온 장인의 정신, 테일러 마스터를 만나다

"손바느질은 미싱에 비해 탄탄하고 여러 방면에서 훨씬 좋아요.
한 달 동안 한 벌을 완성한다고 치면 그 값어치가 어떻겠어요?
시간이 깃들어야 옷을 완성할 수 있다는 것, 그게 큰 차이죠."

**'매료'라는 브랜드에서 일하다가 최근에 새로운 일을 계획하고 있다고 들었어요. 준비하고 있는 패션 브랜드 '에레디토EREDITO'에 대해 설명해주실 수 있을까요?**

토탈 패션 브랜드인 에레디토에서 제가 맡은 일은 비스포크Bespoke(맞춤 제작 혹은 주문 제작한 신사복)예요. 손바느질로 아주 고급스러운 옷을 만들어내는 일이죠. 젊은 감각을 지닌 실장이 대표를 맡고 있고요. 옷을 둘러싼 다양한 일을 해나가려고 하는데, 건물 하나에서 다양한 옷을 만나볼 수 있도록 구성하고 있죠. 1층에선 기성복, 2층에선 맞춤양복, 3층은 공장, 4층은 사무실로 쓰려고 해요.

**긴 세월 부산에서 맞춤양복을 만드는 일을 해오셨다고 들었어요.**

중학교를 졸업하고 거제도에서 고등학교를 가려고 했는데 못 가게 되었어요. 학교에 못 간 대신, 사촌 형님의 지인이 운영하는 양복점에서 기술을 배웠죠. 3년 만에 바느질을 배웠고, 열아홉 살이 되는 해에 부산 남포동의 모모양복점이란 곳에서 일했어요. 양복 만드는 사람 밑에서 보조를 했죠. 그렇게 재단사가 되었고 스물아홉 살에는 제 양복점을 오픈했어요. 양복점은 잘 되었지만, 머지 않아 문을 닫았죠. 여러 사연이 있지만 가장 큰 문제는 기성복이었어요. 저희 가게만 문을 닫은 게 아니라 여기저기 다 닫았거든요. 지금까지 살아있는 곳은 몇 군데 안 되죠. 양복에서 손을 떼고 다른 계통의 일을 하고 있었는데, 젊은 친구가 기성복 말고 맞춤복을 해보고 싶다고 연락을 줬어요. 재단사를 구한다고요. 긴 시간 쉬었기 때문에 1년 정도 다시 복습을 하고 양복을 만드는 일로 복귀했죠. 요즘 젊은 친구들이 입는 옷과 제가 만들던 옷은 달라서 공부하는 데 시간이 좀 걸렸어요.

**남포동과 광복동 일대는 부산 패션의 중심지라고 알고 있어요.**

오래전부터 그 일대는 부산 패션의 중심지였어요. 제가 70년대에 부산에 왔거든요. 거리에 야시장이 있었고, 산과 밭, 그리고 항구를 끼고 있었죠. 당시엔 물류 수송을 거의 다 배로 했거든요. 그래서 항구가 있는 부산이 뭐든 빨랐어요. 특히 국제시장, 부산항과 가까운 남포동이나 광복동은 해외에서 들여오는 것을 빠르게 받아들일 수 있는 곳이었죠.

**오랜 시간 양복을 만들며 생긴 일들이 많을 것 같아요. 지금까지도 기억에 남는 장면이 있나요?**

제가 재단사를 할 적엔 같은 곳에 양복점이 스물 몇 군데가 있었어요. 재단사들의 모임도 있었죠. 아침이면 다 같이 다방에 모여 모닝커피를 한 잔 하며 하루를 시작했어요. 옷에 대해 얘기도 하고, 선후배 관계에 대해, 또 재단 비용에 대한 얘기까지 많은 것을 나눴어요. 최근에는 이탈리아에서 열린 남성복 박람회 '피티 오모Pitti Uomo'에 참가한 일이 기억에 남네요. 단 5일 만에 한 벌의 양복을 만들어야 했지만, 재미있는 경험이었어요.

**양복점을 하던 주변 친구분들은 지금 어떻게 지내고 계세요?**

많이 떠나버리고 남아있는 사람은 몇 사람 없어요. 거의 다 70대가 다 되었죠. 이젠 지나간 것보다 다가올 것들을 생각하고 있어요. 제 꿈은 후계자를 키우는 것이거든요. 제가 일을 못하게 되어도 젊은 친구들이 양복을 만들 수 있으면 좋겠어요.

**항구 도시여서 해외의 것들을 많이 들여왔다고 하셨는데, 지금은 어떤 것 같나요?**

당시엔 서울보다 부산이 새로운 문화를 받아들이는 속도가 훨씬 빨랐어요. 지금은 서울이 뭐든 빠르지만요. 하지만 서울과 부산으로만 놓고 보기가 무색한 게, 요즘은 인터넷이 생겨서 어디에서든 마음만 먹으면 다양한 것을 받아들일 수 있는 것 같아요. 예전에는 해외에 가지 않으면 패션을 알 수가 없었잖아요.

**그렇다면 해외와 한국의 패션에서 두드러지는 차이가 뭐라고 생각하세요?**

한국의 중장년층에게 패션이란 '아웃도어'가 되어가고 있는 것 같아요. 문제가 있다고 봅니다. 옛날엔 신사복이 있었어요. 신사라 하면 영국 신사를 칭하죠. 그 옷을 입으면 신사가 되려고 노력했어요. 양복이라는 것은 그 옷을 입은 마음과 행동도 갖춰야 하거든요. 옷은 마음과 행동으로 연결되어요. 옷을 입을 줄 알아야 해요. 입는 법을 배워야만 하고요.

**'옷을 입을 줄 알아야 한다'는 얘기를 더 듣고 싶어요. 구체적으로 어떤 예가 있나요?**

옷을 어떻게 입어야 하는지를 알고 있어야 해요. 양복을 입고 자리에 앉을 땐 무릎에 주름이 가지 않도록 조심해야 해요. 양복 주머니엔 뭔가를 넣어선 안 되죠. 걸을 때도 항상 양복을 입었다는 것을 의식해야 하고요. 한 달을 입어도 그 태가 고스란히 남아있어야 해요. 드라이를 하면 옷이 상하거든요. 드라이를 안 해도 되게 깨끗이 입는 것이 최선이죠. 계절이 바뀔 때도 옷이 상하지 않도록 잘 관리해야 하고요.

53 54 55 56 57 58 59

**양복을 입는 젊은 신사들이 '신사복'에 대해 잘 모르고 있는 부분이 있을까요?**

쪼그리고 앉는 화장실에 가면 어떻게 해야 했는지 들으면 웃으실 겁니다. 예전에는 변기에 앉기 전엔 바지를 벗었어요. 벗어서 걸어놓고 앉아서 볼일을 봤죠. 구겨지면 안 되니까. 항상 서 있는 상태에서 옷을 맞춰 입었고요. 걸을 때도 옷에 맞는 걸음걸이를 갖췄죠.

**그렇다면 지금 흔히 나오는 기성복과 맞춤양복의 가장 큰 차이는 뭘까요?**

시간이 가장 큰 차이죠. 기성복은 하루에도 몇 벌씩 만들 수 있는데 맞춤은 보통 사흘에 하나 정도씩 할 수 있어요. 더 정성을 들여야 하는 옷은 한 달까지도 걸리고요. 기성복은 80~90퍼센트를 미싱으로 하고 맞춤양복은 그걸 손이 대신하거든요. 손바느질은 미싱에 비해 탄탄하고 여러 방면에서 훨씬 좋아요. 손바느질로 한 달 동안 한 벌을 완성한다고 치면 그 값어치가 어떻겠어요? 시간이 깃들어야 옷을 완성할 수 있다는 것, 그게 큰 차이죠.

**멋지게 나이를 들려면 어떤 태도를 가져야 할까요?**

스스로 멋있게 나이 들고 있다고 생각하진 않지만(웃음), 젊은 친구들을 많이 만나보면 좋은 것 같아요. 동창회에 가서 친구들이 하는 얘길 들어보면 어린 사람들에게 마음을 열지 않더라고요. 한 세월을 같이 보낸 친구들과도 친구가 되고, 이제 막 자라나는 젊은이들과도 친구가 되어야 해요.

**젊은 친구들과 친구가 되는 게 쉽지 않은 일인 것 같아요.**

모든 걸 깨버려야 해요. 정말 친구라고 생각해야 하죠. 나이가 많다고 어린 친구들을 뒤로 제쳐 두고 얘기를 나누면 친구가 될 수 없어요. 술도 마시고 얘기도 들어보고 무엇을 좋아하는지도 알려고 자꾸 묻고 들어야 하고요. 함께하려고 노력해야 친구가 될 수 있죠. "선생님, 이렇게 한번 해보세요."라고 한다고 그걸 비웃으면 안 되고 새겨들어야 해요. 그랬을 때, "기장을 더 짧게 만들어보세요." 하면 "이것도 짧은데?" "아유, 조금 더 짧게 해보세요." 이런 얘기가 가능해지죠. 그렇지 않으면 할배옷은 할배옷으로 남을 수밖에 없어요. 변화를 두려워하지 마세요.

MADE IN

# BUSAN LOCAL BRAND

BUSAN LOCAL BRAND

부산 사람이 인정하는 여섯 브랜드

## 에레디토

'에레디토'는 이태리어로 '상속하다, 물려받다'는 뜻을 담고있다. 비스포크 기술을 후대에 물려주고 손의 흔적이 그대로 드러날 수 있는 역사 깊은 브랜드가 되겠다는 의미이기도 하다. '맞춤정장'이 젊은 층에 조금 낯설 수 있지만, 합리적인 가격에 맞춤셔츠와 비스포크 수제 정장을 경험하는 것은 드문 일이다. 무엇보다 부산의 멋쟁이로 전 세계적인 관심을 받는 여용기의 수작이라는 것이 매력적이다. 매장에서는 비스포크 수트와 맞춤셔츠, 스페인·이태리 수제화, 핸드메이드 타이와 수공으로 만들어진 반지와 팔찌 제품들이 판매된다.

A. 부산시 중구 남포길 20-1
T. 051-231-7244
O. 11:00-21:00

**정장을 맞출 때 알아두면 좋은 몇 가지**

에레디토에서는 맞춤정장의 경우 모든 과정이 수작업으로 섬세하게 이루어진다. '진짜' 맞춤정장이기 때문이다. 정장을 구매할 때 높은 가격의 기성복 브랜드를 보고 가는 것보다는 정성을 들여 옷을 '만드는' 곳을 찾는 것이 중요하다.

1. 이미 가진 정장이 있다면 미리 스타일을 확인하기
2. 재단사의 도움을 받아 생활 방식에 맞는 원단을 선택하기
3. 업체에서 직영 제작소를 운영하는지 알아보기

## 삼진어묵

A. 부산시 영도구 태종로99번길 36(본사, 체험관)
T. 051-412-5468
O. 09:00-20:00
P. 전용 주차장 이용 가능

63년째 성업 중인 곳인 삼진어묵은 현존하는 어묵 제조 업체로는 국내에서 가장 오래된 곳으로 부산 기네스에 등재되기도 했다. 한국전쟁 이후 피란민들이 부산으로 대거 유입되며 어묵 산업이 호황을 이루게 된 그때, 일본에서 어묵 제조 기술을 배워온 삼진어묵의 故 박재덕 창업주가 어묵 업계에 큰 영향을 끼쳤다. 평균 근속연수가 20년 이상인 수제 어묵 장인들의 오랜 비결을 통해 소비자들의 입맛을 충족시키고 있다. 최근에는 수도권에 매장을 냈고, 중국을 비롯한 해외시장 진출을 계획하고 있다.

**몽떡말이**
**오징어 강정**
**김말이**
**치즈 고로케**

(왼쪽부터 시계 방향으로)

식사 대용으로도 손색없는 든든한 어묵. 특히 사람들의 눈과 입을 사로잡는 인기 메뉴인 어묵 고로케는 고로케의 바삭한 식감과 어묵 특유의 맛을 느낄 수 있다. 그 외에도 몽떡말이, 김말이, 오징어 강정 등 어묵을 베이스로 한 간식 메뉴들이 손님의 입맛을 충족시켜준다.

**판매처** 삼진어묵 부산역점 | 부산시 동구 중앙대로 206 부산역 2층
삼진어묵 공식 홈페이지 | samjinfood.com

금정산성막걸리

A. 부산시 금정구 산성로 453
T. 051-517-0202
H. sanmak.kr

이 정도면 막걸리의 전설이라 불러도 무관하겠다. 전국에서 단 한 군데 부산에서만 생산하는 금정산성막걸리는 대한민국 민속주 제1호로 지정되어 전국의 술 애호가들로부터 사랑받고 있다. 500년 전통의 금정산성 누룩과 금정산의 맑은 물로 전통과 기술을 계승하고 발전시켜 변함없이 옛날 제조 방식대로 전통을 고수하고 있다. 온라인 홈페이지에서 판매되고 있으며 아이스박스 배송도 가능하다.

**금정산성 막걸리**

금정산성막걸리는 질 좋은 누룩과 산수로 술을 빚는다. 막걸리가 완숙되기까지 걸리는 일주일의 시간이 무색하지 않게 은은한 향과 구수한 맛이 일품이다. 도토리묵과 파전 등 주전부리와 함께하면 막걸리를 더욱 맛있게 즐길 수 있다.

**판매처** 금정산성막걸리 공식 홈페이지 | sanmak.kr
천사와 술사랑 | 1004wa.co.kr

구포 쫄깃국수

구포역 인근 골목길을 따라가다 보면 쉴 새 없이 기계 소리가 들리는 구포 쫄깃국수 공장이 나타난다. 지명 자체가 브랜드화된 국내 최초의 사례이기도 한 구포 쫄깃국수는 오직 좋은 국수를 만들기 위해 70년 동안 대를 이어 국수 외길을 묵묵히 이어가고 있다. 공장 1층에서는 1등급 밀가루로 면을 뽑고, 면을 포장하는 일이 주로 이루어지고, 2층에서는 면을 말리는 작업이 진행된다. 이틀 걸리는 옛날식 숙성법과 날씨에 따라 반죽 정도를 조절하여 만든다.

A. 부산시 북구 가람로58번길 8
T. 051-332-2865

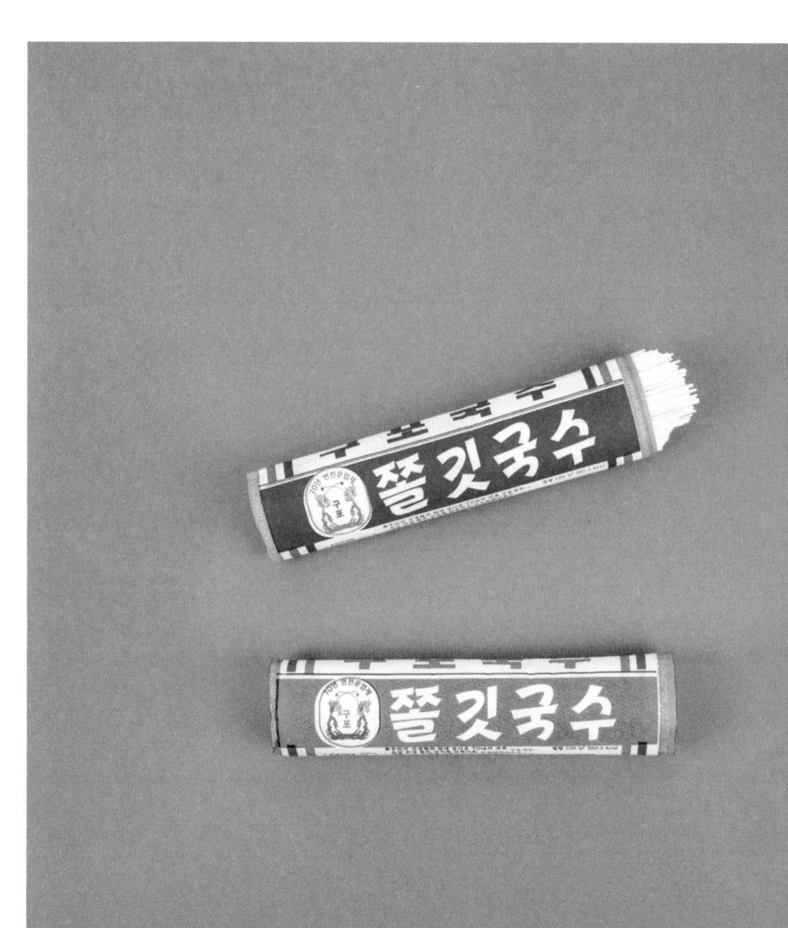


**구포 쫄깃국수**

구포연합식품에서 만든 인삼표 구포 쫄깃국수를 기억하자. 소면, 중면, 세면, 메밀국수 등 종류별로 즐길 수 있는 구포 쫄깃국수는 쫄깃하고 부드러운 면발을 자랑한다. 잔치국수, 비빔국수, 골뱅이무침에 사리로 또는 국수 그 자체로 푸짐한 맛을 즐길 수 있다.

**판매처** 구포국수 | 부산시 강서구 낙동북로162번길 49

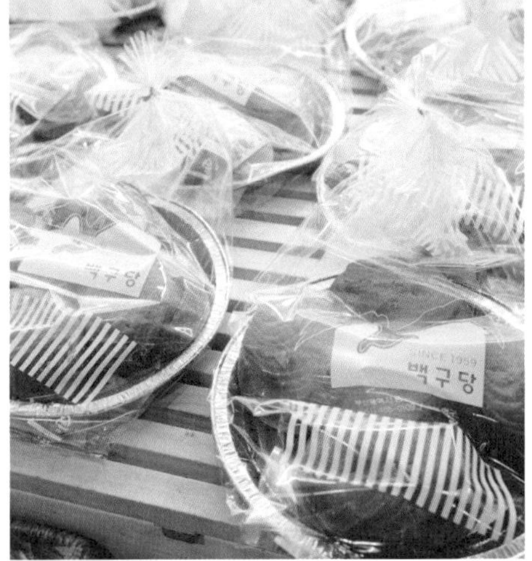


## 백구당

A. 부산시 중구 중앙대로81번길 3
T. 051-465-010
O. 08:00-22:30(명절 휴무)

Since 1959, 부산에서 가장 오래된 빵집이 백구당이다. 중앙동 40계단에 오르기 전 골목에 위치해 접근성 또한 뛰어나다. 백구를 뜻하는 간판의 흰 갈매기가 가장 먼저 손님을 맞는다. 백구당의 대표 메뉴인 크로이즌은 겉에는 밤슈, 속에는 옥수수가 들어가 있어 부드럽고 재미있는 식감을 느낄 수 있다. 수기로 빵 소개를 일일이 적어놓은 정감 있는 메모는 구매에 도움을 준다. 평일 저녁 8시 이후에는 빵과 케이크를 할인 판매하고 있으니 느즈막이 백구당을 찾아가도 좋다.

**쑥쌀식빵**
**캐슈넛 스틱**
**크로이즌**
**크라프트콘브레드**
**먹물 바게트**
(왼쪽부터 시계 방향으로)

부드러운 빵 속에 콘샐러드가 들어간 크로이즌이 백구당의 대표빵, 빠르게 품절되어 빵 나오는 시간을 잘 맞춰와야 한다. 부드러운 초코빵에 크림치즈가 들어간 쇼콜라치즈와 캐슈넛 스틱, 먹물 바게트, 크라프트콘브레드, 쑥쌀식빵도 백구당의 별미.

**판매처** 백구당 본점 | 부산시 중구 중앙대로81번길 3

씨드

1965년 기장군 일광 바다에서 어업에 종사한 조부의 가업을 잇기 위해 씨드SEA.D라는 기장 미역 브랜드가 탄생했다. 바다Sea로부터 꿈Dream을 나누고, 큰 기쁨Delight과 즐거움, 드라마Drama를 선사하고 싶은 마음을 담아 브랜드 네이밍이 생겨났다. 생산자 이력제로 믿을 수 있는 상품만을 취급하는 씨드에서는 미역뿐만 아니라 다시마, 멸치, 돌미역, 미역귀까지 다양하게 만나볼 수 있다. 모던함이 묻어나는 패키지와 양질의 미역은 선물하기에도 제격이다.

A. 부산시 기장군 일광면 일광로 58
T. 051-724-0430

**SEA.D**
**3종 세트**

이미 고객들 사이에서는 정평이 나있는 씨드의 미역은 특히 출산 선물로 인기가 많다. 패키지 안에 소포장 되어있어 보관에도 용이하다. 육질이 두껍고 달콤한 다시마, 건강미를 겸비한 바다의 보약 미역, 지방질이 풍부한 멸치, 고소한 맛이 일품인 돌미역까지 종류별로 즐길 수 있다.

**판매처** 씨드 공식 홈페이지 | anchovy.alltheway.kr

KIA
niro

# Epilogue

거리라는 개념의 근본적인 속성에는 '변화'라는 키워드가 숨어있다. 거리가 모인 곳에 도시가 생겨났고, 사람들의 삶과 시간을 축적하며 지속적으로 그 모습을 확장했다. 거리를 본다는 것은, 곧 변화를 읽는다는 것이다. 우리가 만드는 자동차는 거리와 함께 성장하는 존재다. 거리의 변화를 탐구하는 일은 어떤 자동차를 만들어 낼것인가 하는 고민과 맞닿아있다. 기아자동차는 변화의 중심에 있는 부산의 거리를 통해 도시를 새롭게 바라보고자 한다.

**THE STREET** 부산

거리를 통해 바라본 부산의 라이프스타일

1판 1쇄 발행 2016년 05월 30일

**기획·제작** (주)기아자동차
**펴낸곳** (주)어라운드

**출판등록** 제 2014-000186호
**주소** 121-904 서울시 마포구 월드컵북로 375 1001호
**문의** 02-6404-5030
**팩스** 02-6280-5031
**전자우편** book@a-round.kr
**ISBN** 979-11-85420-04-2
파본이나 잘못된 책은 구입한 곳에서 교환해 드립니다.